北京课工场教育科技有限公司 **出品**

新技术技能人才培养系列教程

大数据核心技术系列

Python 开发基础

戴歆 罗玉军／主编

杨颖 侯勇 王奇志／副主编

U0300294

人民邮电出版社

北京

图书在版编目（CIP）数据

Python开发基础 / 戴歆，罗玉军主编. -- 北京：
人民邮电出版社，2018.12（2022.12重印）
新技术技能人才培养系列教程
ISBN 978-7-115-49452-8

Ⅰ. ①P… Ⅱ. ①戴… ②罗… Ⅲ. ①软件工具－程序
设计－教材 Ⅳ. ①TP311.561

中国版本图书馆CIP数据核字(2018)第234032号

内 容 提 要

　　Python 语言是当前最活跃的开发语言之一，在数据科学领域、网络爬虫领域、Web 开发领域、服务器自动化运维及游戏领域都有着非常广泛的应用。尤其是在数据科学领域，越来越多的数据科学家开始将 Python 语言作为主要的工具。

　　本书以 Windows 操作系统为平台，系统讲解 Python 3 的基础知识。全书共 10 章，首先介绍了 Python 语言的基础入门，开发环境搭建，必备的基础语法，如变量与数据类型、流程控制语句、常用数据结构、函数与模块、程序调试方法等；然后介绍了面向对象的思想，包括封装、继承、多态等，以及如何使用 Python 完成文件读写功能。这将是一个由浅入深的系统学习过程。

　　为提升学习效果，书中结合实际应用提供了大量案例进行说明和训练，并配以完善的学习资料和支持服务，包括教学 PPT、案例素材下载、源码下载、学习交流社区、讨论组等，为读者带来全方位的学习体验。

◆ 主　　编　戴　歆　罗玉军

　　副 主 编　杨　颖　侯　勇　王奇志

　　责任编辑　祝智敏

　　责任印制　马振武

◆ 人民邮电出版社出版发行　北京市丰台区成寿寺路 11 号
　　邮编　100164　电子邮件　315@ptpress.com.cn
　　网址　http://www.ptpress.com.cn
　　三河市祥达印刷包装有限公司印刷

◆ 开本：787×1092　1/16
　　印张：12.5　　　　　　　2018 年 12 月第 1 版
　　字数：262 千字　　　　　2022 年 12 月河北第 10 次印刷

定价：39.80 元

读者服务热线：(010)81055256　印装质量热线：(010)81055316
反盗版热线：(010)81055315
广告经营许可证：京东市监广登字 20170147 号

序 言

丛书设计

  大数据已经悄无声息地改变了我们的生活和工作方式，精准广告投放、实时路况拥堵预测已很普遍，在一些领域，人工智能比我们更加聪明、高效，未来的个性化医疗、教育将会真正实现，大数据迎来前所未有的机遇。Google 公司 2003 年开始陆续发表的关于 GFS、MapReduce 和 BigTable 的三篇技术论文，成为大数据发展的重要基石。十几年来大数据技术从概念走向应用，形成了以 Hadoop 为代表的一整套大数据技术。时至今日，大数据技术仍在快速发展，基础框架、分析技术和应用系统都在不断演变和完善，并不断地涌现出大量新技术，成为大数据采集、存储、处理、分析、可视化呈现的有效手段。企业需要利用大数据更加贴近用户、加强业务中的薄弱环节、规范生产架构和策略。对数家企业的调查显示，大数据工程师应该掌握的技能包括：Hadoop、HDFS、MapReduce、Hive、HBase、ZooKeeper、YARN、Sqoop、Spark、Spark Streaming、Scala、Kafka、Confluent、Flume、Redis、ETL、Flink/Streaming、Linux、Shell、Python、Java、MySQL、MongoDB、NoSQL、Cassandra、Spark MLib、Pandas、Numpy、Oozie、ElasticSearch、Storm 等，作为一名大数据领域的初学者，在短时间内很难系统地掌握以上全部技能点。"大数据核心技术系列"丛书根据企业人才实际需求，参考以往学习难度曲线，选取"Hadoop+Spark+Python"技术集作为核心学习路径，旨在为读者提供一站式、实战型大数据开发学习指导，帮助读者踏上由入门到实战的大数据开发之旅！

  "大数据核心技术系列"以 Hadoop、Spark、Python 三个通用大数据平台为核心，根据它们各自不同的特点，解决大数据开发中离线批处理和实时计算两种主要场景的应用问题。以 Hadoop 为核心完成大数据分布式存储与离线计算；使用 Hadoop 生态圈中的日志收集、任务调度、消息队列、数据仓库、可视化 UI 等子系统完成大数据应用系统架构设计；使用 Spark Streaming、Storm 替换 Hadoop 的 MapReduce 以实现大数据的实时计算；使用 Python 完成数据采集与分析；使用 Scala 实现交互式查询分析与 Spark 应用开发。

  在夯实大数据领域技术基础的前提下，"大数据核心技术系列"丛书结合当下 Python 语言在数据科学领域的活跃表现以及占有量日益扩大的现状，着重对 Python 语言基础、Scrapy 爬虫框架、Python 数据分析与展示等相关技术进行讲解，为读者将来在大数据科学领域的进一步提升打下坚实的基础。

丛书特点

1．以企业需求为设计导向

满足企业对人才的技能需求是本系列丛书的核心设计原则，课工场大数据开发教研团队通过对数百位 BAT 一线技术专家进行访谈、对上千家企业人力资源情况进行调研、对上万个企业招聘岗位进行需求分析，实现对技术的准确定位，达到课程与企业需求的高契合度。

2．以任务驱动为讲解方式

丛书中的知识点和技能点均由任务驱动，读者在学习知识时不仅可以知其然，而且可以知其所以然，帮助读者融会贯通、举一反三。

3．以实战项目来提升技术

本丛书均设置项目实战环节，以综合运用书中的知识点帮助读者提升项目开发能力。每个实战项目都设有相应的项目思路指导、重难点讲解、实现步骤总结和知识点梳理。

4．以"互联网+"实现终身学习

本丛书可配合课工场 App 扫描书中二维码，观看配套视频的理论讲解和案例操作，同时课工场在线开辟教材配套版块，提供案例代码及案例素材下载。此外，课工场还为读者提供了体系化的学习路径、丰富的在线学习资源和活跃的学习社区，方便读者随时学习。

读者对象

1．大中专院校的学生
2．编程爱好者
3．初中级程序开发人员
4．相关培训机构的老师和学员

读者服务

学习本丛书过程中如遇到疑难问题，读者可以访问课工场在线，也可以发送邮件到 ke@kgc.cn，我们的客服专员将竭诚为您服务。

感谢您阅读本丛书，希望本丛书能成为您大数据开发之旅的好伙伴！

"大数据核心技术系列"丛书编委会

前　言

欢迎进入 Python 的世界，本书将带你领略 Python 语言的魅力，感受 Python 语言的简洁，体验它无穷的魅力。各章主要内容如下。

第 1 章：介绍 Python 语言的特点、Python 的版本差异、搭建 Python 开发环境的方法、创建 Python 项目工程的方法、使用 Python 添加注释的方法，掌握这些是学好 Python 语言的基础。

第 2 章：介绍 Python 的基础语法，包括变量、数据类型和运算符、类型转化方法以及操作字符串的方法。只有掌握了各种类型的操作方法，才能灵活地完成数据的处理。学习完本章内容后，读者将能够编写有意义的小程序。

第 3 章：流程控制是编程的基础，本章详细讲解了 Python 中的两种流程控制结构，即循环结构和选择结构。主要介绍 if-elif 语句、多分支 if 语句、while 循环、for 循环。学习完本章内容，读者可开发出能够灵活实现业务控制的 Python 程序。

第 4 章：列表（list）、元组（tuple）、字典（dict）和集合（set）是 Python 中重要的数据存储结构，本章介绍这些数据结构的特点与使用方法。学习完本章内容，读者将掌握不同数据结构的特点、用法与使用场景，能够开发出基于不同数据存储结构的 Python 程序。

第 5 章：函数和模块能够提高代码的复用性，本章详细地讲解了函数和模块的使用方法。学习完本章内容，读者可以使用函数和模块实现代码的封装，提高代码的可读性和可复用性，掌握导入 Python 内置模块和第三方模块，调用函数提高开发效率的能力。

第 6 章：综合前面章节所学知识完成一个实际的项目——在线投票系统。实现添加投票候选人、删除候选人、为候选人投票、按序号投票、删除投票、清空投票、投票统计、退出投票等功能。

第 7 章：讲解如何使用 PyCharm 的 Debug 功能实现对代码的断点调试以及介绍 Python 的异常处理机制。学习完本章内容，读者将掌握开发中重要的断点调试技能，是程序员完成大型复杂项目必不可少的能力。理解 Python 的异常处理机制，将能够提高程序的健壮性、安全性和可维护性。

第 8 章：讲解 Python 面向对象的核心内容，包括对象和封装、继承、多态等，重点培养读者使用面向对象思想进行程序设计的能力。

封装、继承和多态是面向对象的三大特性。封装类的属性可以隐藏类的实现细节，限制不合理操作。继承是软件可重用性的一种表现，新类可以在不增加自身代码的情况下，通过从现有的类中继承其属性和方法来充实自身内容。多态在面向对象编程中无处不在，是解决编程中实际问题的一大利器。

第 9 章：介绍常用的文件类型和特点、读写 txt、csv 文件的方法、导入模块操作电脑中的文件以及 json 格式的特点和解析方法。学习完本章内容后，能够将程序数据保存到文件中或从文件中读取数据，使用 json 格式读写数据可以提高数据的可维护性。

第 10 章：通过项目实训，利用面向对象编程思想来升级在线投票系统，巩固使用面向对象编程开发系统的能力。

学习程序设计语言，要多动手练习，从而深入理解每个知识点，提高编程熟练度，培养分析问题和解决问题的能力，不断积累开发经验。同时，学习中要通过交流消除学习疑惑，分享学习经验，取长补短，共同进步。

本书由课工场大数据开发教研团队组织编写，参与编写的还有戴歆、罗玉军、杨颖、侯勇、王奇志、谢妞妞等院校老师。尽管编者在写作过程中力求准确、完善，但书中不妥或错误之处仍在所难免，殷切希望广大读者批评指正！

智慧教材使用方法

由课工场"大数据、云计算、全栈开发、互联网 UI 设计、互联网营销"等教研团队编写的系列教材，配合课工场 App 及在线平台的技术内容更新快、教学内容丰富、教学服务反馈及时等特点，结合二维码、在线社区、教材平台等多种信息化资源获取方式，形成独特的"互联网+"形态——智慧教材。

智慧教材为读者提供专业的学习路径规划和引导，读者还可体验在线视频学习指导，按如下步骤操作可以获取案例代码、作业素材及答案、项目源码、技术文档等教材配套资源。

1. 下载并安装课工场 App。

（1）方式一：访问网址 www.ekgc.cn/app，根据手机系统选择对应课工场 App 安装，如图 1 所示。

图1　课工场App

（2）方式二：在手机应用商店中搜索"课工场"，下载并安装对应 App，如图 2、

图 3 所示。

图2 iPhone版手机应用下载　　　　　图3 Android版手机应用下载

2. 登录课工场 App，注册个人账号，使用课工场 App 扫描书中二维码，获取教材配套资源，依照如图 4 至图 6 所示的步骤操作即可。

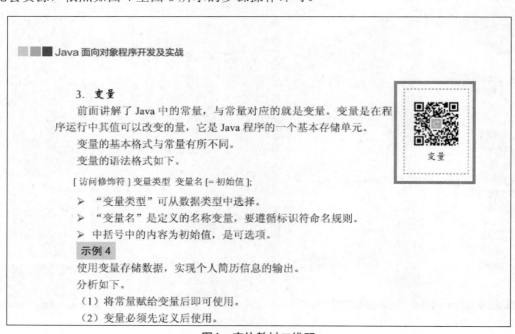

图4 定位教材二维码

图5　使用课工场App"扫一扫"扫描二维码　　　　图6　使用课工场App免费观看教材配套视频

3．获取专属的定制化扩展资源。

（1）普通读者请访问 http://www.ekgc.cn/bbs 的"教材专区"版块，获取教材所需开发工具、教材中示例素材及代码、上机练习素材及源码、作业素材及参考答案、项目素材及参考答案等资源（注：图 7 所示网站会根据需求有所改版，仅供参考）。

图7　从社区获取教材资源

（2）高校老师请添加高校服务 QQ：1934786863（如图 8 所示），获取教材所需开发工具、教材中示例素材及代码、上机练习素材及源码、作业素材及参考答案、项目素材及参考答案、教材配套及扩展 PPT、PPT 配套素材及代码、教材配套线上视频等资源。

图8　高校服务QQ

目　录

第 1 章

初识 Python

技能目标

➤ 了解 Python 语言的特点
➤ 了解 Python 的版本差异
➤ 掌握搭建 Python 开发环境的方法
➤ 掌握使用 PyCharm IDE 编辑 Python 代码的方法
➤ 掌握使用 Python 添加注释的方法

本章任务

任务 1：搭建 Python 开发环境
任务 2：在控制台输出 "Hello Python"

本章资源下载

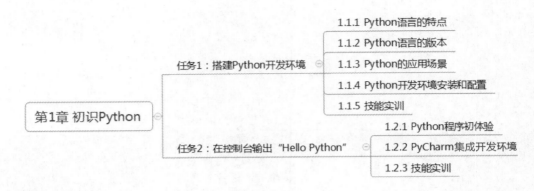

本书将通过大量的应用实例来全面介绍 Python，并以任务的形式展开，每章介绍的知识都能完成一个真实的任务，真正做到学以致用。

通过本章的学习，读者不仅能对 Python 有一个初步的认识，同时也能写下第一行 Python 代码，完成在控制台输出 "Hello Python" 的任务。

任务 1 搭建 Python 开发环境

【任务描述】

介绍 Python 语言的特点、版本、应用场景并通过 Anaconda 搭建 Python 开发环境。

【关键步骤】

（1）了解 Python 语言的特点。

（2）了解 Python 的版本差异。

（3）了解 Python 的应用场景。

（4）Python 开发环境的安装和配置。

1.1.1 Python 语言的特点

Python 语言具有以下显著的特点。

1．简单易学

Python 是一种代表简单思想的语言。Python 的关键字少、结构简单、语法清晰，使学习者可以在相对较短的时间内轻松上手。

2．易于阅读

Python 代码定义得非常清晰，它没有使用其他语言通常用来访问变量、定义代码块和进行模式匹配的命令式符号，而是采用强制缩进的编码方式，去除了 "{}" 等语法符号，从而看起来十分规范和优雅，具有极佳的可读性。

3．免费、开源

Python 是 FLOSS（自由/开放源码软件）之一。使用 Python 是免费的，开发者可以自由地发布这个软件的副本，阅读源代码，甚至对它做改动。

4．高级语言

伴随着每一代编程语言的产生，软件开发都会达到一个新的高度。汇编语言解放了那些挣扎在机器代码烦琐中的人，后来有了像 C 和 FORTRAN 等语言，它们将编程语言提升到了崭新的高度，开创了软件开发行业。伴随着 C 语言又诞生了更多的像 C++、Java 这样的现代编译语言，也有了像 Python 这样的解释型脚本语言。在使用 Python 编程时，无需再去考虑诸如管理程序内存等底层的细节，只需集中精力关注程序的主要逻辑即可。

5．可移植性

由于 Python 的开源本质，它可以被移植到许多平台上，在各种不同的系统上都可以看到 Python 的身影。在今天的计算机领域，Python 取得了持续快速成长。因为 Python 是用 C 语言写的，由于 C 语言的可移植性，使得 Python 可以运行在任何带有 ANSI C 编译器的平台上。

6．面向对象

Python 既支持面向过程编程，也支持面向对象编程。在"面向过程"的语言中，程序是由过程或仅仅是可重用代码的函数构建起来的。在"面向对象"的语言中，程序是由数据和功能组合而成的对象构建起来的。与其他的面向对象语言相比，Python 以非常强大又简单的方式实现了面向对象编程。

7．解释性

Python 是一种解释型语言，这意味着开发过程中没有了编译环节。一般来说，由于不是以本地机器码运行，纯粹的解释型语言通常比编译型语言运行得慢。然而，类似于 Java，Python 实际上是字节编译的，其结果就是可以生成一种近似于机器语言的中间形式。这不仅改善了 Python 的性能，同时使它保持了解释型语言的优点。

8．可扩展可嵌入性

在 Python 中，部分程序可以使用其他语言编写，如 C/C++。同时，Python 还可以嵌入到 C/C++ 程序中，为它们提供脚本功能。

1.1.2 Python 语言的版本

Python 发展至今，经历了多个版本的更迭，目前仍然保留的版本主要是基于 Python2.X 和 Python3.X。Python3.X 是未来的趋势，有许多重要的类库都已经停止对 Python2.X 的更新，只保留对 Python3.X 的更新。所以本书都是使用 Python3.X 进行代码开发。

Python2.X 和 Python3.X 版本的主要区别如下。

（1）Python3 对 Unicode 字符原生支持，从而可以更好地支持中文和其他非英文字符，而 Python2 中默认使用 ASCII，Unicode 字符是单独支持的。

（2）Python3 采用绝对路径方式进行导入，这样可以很好地避免与标准库导入产生冲突。

（3）Python3 采用更加严格的缩进机制，Tab 缩进与空格缩进不能混合使用。

（4）print 语句被 Python3 废弃，统一使用 print()函数。

（5）exec 语句被 Python3 废弃，统一使用 exec()函数。

（6）不相等操作符"<>"被 Python3 废弃，统一使用"!="。

（7）long 整数类型被 Python3 废弃，统一使用 int。

（8）xrange 函数被 Python3 废弃，统一使用 range。

（9）raw_input 函数被 Python3 废弃，统一使用 input()函数。

（10）关于异常处理：

Python2.X 写成：

```
raise IOError, 'file error'
except NameError, err:
```

Python3.X 需要写成：

```
raise IOError( 'file error')
except NameError as err:
```

（11）在 Python3 的除法运算中，"/"代表小数除法，而在 Python2 中代表整除法。

注意

> 在 Python3.X 环境中运行用 Python2.X 编写的代码，很可能会报错。

1.1.3　Python 的应用场景

下面是 Python 的主要应用场景。

1．常规软件开发

Python 支持函数式编程和面向对象编程，能够承担任何种类软件的开发工作，因此常规的软件开发、脚本编写、网络编程等都属于其标配能力。

2．科学计算

随着 NumPy、SciPy、Matplotlib、Sklearn 等众多科学计算库的开发，Python 越来越适合用于科学计算、绘制高质量的 2D 和 3D 图像。与科学计算领域最流行的商业软件 Matlab 相比，Python 作为一门通用的程序设计语言，比 Matlab 采用的脚本语言的应用范围更广泛，也有更多的程序库支持。

3．系统管理与自动化运维

Python 提供许多有用的 API，能方便地进行系统维护和管理。作为 Linux 下的标志性语言之一，Python 是很多系统管理员理想的编程工具。同时，Python 也是运维工程师的首选语言，在自动化运维方面已经深入人心。比如，Saltstack 和 Ansible 都是大名鼎鼎的自动化平台。

4．云计算

开源云计算解决方案 OpenStack 就是基于 Python 开发的。

5．Web 开发

基于 Python 的 Web 开发框架非常多，比如 Django，还有 Tornado、Flask。其中 Django 架构的应用范围非常广，开发速度非常快，能够快速地搭建起可用的 Web 服务。著名的视频网站 YouTube 就是使用 Python 开发的。

6．游戏

很多游戏使用 C++ 编写图形显示等高性能模块，使用 Python 编写游戏的实现逻辑。

7．网络爬虫

网络爬虫是大数据行业获取数据的核心工具，许多大数据公司都在使用网络爬虫获取数据。能够编写网络爬虫的编程语言很多，Python 绝对是其中的主流之一，其 Scrapy 爬虫框架的应用非常广泛。

8．数据分析

在大量数据的基础上，结合科学计算、机器学习等技术，对数据进行清洗、去重、标准化和有针对性的分析是大数据行业的基石。Python 也是目前用于数据分析的主流语言之一。

9．人工智能

Python 在人工智能领域内的机器学习、神经网络、深度学习等方面都是主流的编程语言，得到广泛的支持和应用。例如：著名的深度学习框架 TensorFlow、PyTorch 都对 Python 有非常好的支持。

1.1.4　Python 开发环境安装和配置

Python 已经被移植到许多平台上，例如 Windows、Mac、Linux 等主流平台，可以根据需要为这些平台安装 Python。在 Mac 和 Linux 系统中，默认已经安装了 Python。如果需要安装其他版本的 Python，可以登录 Python 官网，找到相应系统的 Python 安装文件进行安装。在本节中，将会详细介绍在 Windows 平台下安装、配置 Python 开发环境的方法。

在 Windows 平台中，安装 Python 开发环境的方法也不止一种。其中最受欢迎的有两种，第一种是通过 Python 官网下载对应系统版本的 Python 安装程序，第二种则是通过 Anaconda。

1．使用 Python 安装程序安装

具体安装步骤如下：

（1）访问 Python 官网，选择 Windows 平台下的安装包下载，如图 1.1 所示。

（2）先确认自己的系统是 32 位还是 64 位，再选择相应的 Python 版本下载。在此以 Python3.5.4-amd64 版本为例，下载完成后便可以开始安装，安装界面如图 1.2 所示。

（3）选择第一种安装方式，并且勾选 Add Python 3.5 to PATH 选项，让安装程序自动将 Python 配置到环境变量中，不再需要手动添加环境变量。

（4）安装完成后，需要验证 Python 是否已经安装成功。打开命令提示符界面，输入"Python"，在命令提示符界面输出了 Python 的版本信息等，说明 Python 已经安装成功，如图 1.3 所示。

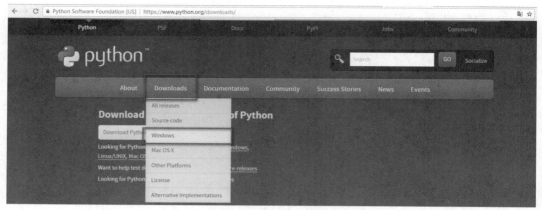

图1.1 Python安装包下载

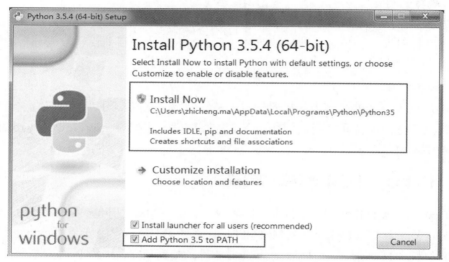

图1.2 Python安装界面

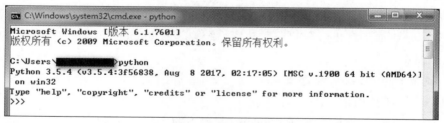

图1.3 验证Python

2. 为什么选择 Anaconda

Anaconda 是专注于数据分析的 Python 发行版本，包含了 Conda、Python 等一大批科学包及其依赖项。在安装 Anaconda 时预先集成了 Numpy、SciPy、pandas、scikit-learn 等数据分析常用包。在 Anaconda 中可以建立多个虚拟环境，用于隔离不同项目所需的不同版本的工具包，以防止版本上的冲突，直接安装 Python 是体会不到这些优点的。

Anaconda 的优点：

➢　省时省心

在普通 Python 环境中，经常会遇到安装工具包时出现关于版本或者依赖包的一些错误提示。但是在 Anaconda 中，这种问题极少存在。Anaconda 通过管理工具包、开发环境、Python 版本，大大简化了工作流程，不仅可以方便地安装、更新、卸载工具包，而且安装时还可以自动安装相应的依赖包。

➢　分析利器

Anaconda 是适用于企业级大数据的 Python 工具，其包含了众多与数据科学相关的开源包，涉及数据可视化、机器学习、深度学习等多个方面。

3．安装 Anaconda

Anaconda 的安装步骤如下：

（1）访问 Anaconda 官网，选择适合自己的版本下载，如选择下载 Windows 系统下的 Python3.6 版本，如图 1.4 所示。

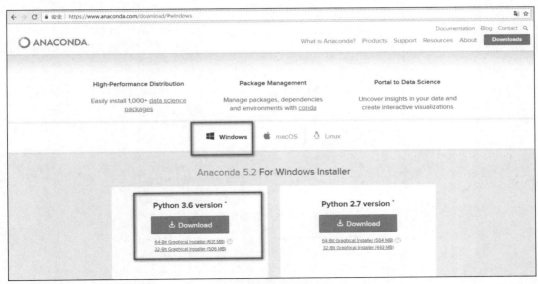

图1.4　下载Anaconda

（2）下载完成后即可根据安装提示进行软件的安装。

（3）安装完成之后，还需要配置 Anaconda 的环境变量。在本例中，安装路径是 D:\Anaconda3\。操作步骤：右击"计算机"→选择"属性"，如图 1.5 所示。选择"控制面板主页"中的"高级系统设置"，如图 1.6 所示。然后，单击"系统属性"对话框"高级"选项卡中的"环境变量"按钮，如图 1.7 所示。

进入"环境变量"对话框之后，在用户变量的 PATH 变量中添加 Anaconda 的路径和脚本路径。本例中，需要将 D:\Anaconda3 和 D:\Anaconda3\Scripts 添加到 PATH 变量中，并用";"来分隔变量，如图 1.8 所示。

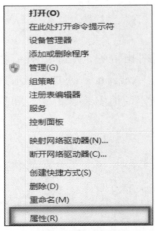

图1.5 选择"属性"   图1.6 选择"高级系统设置"

图1.7 单击"环境变量"

图1.8 将变量添加到PATH中

（4）完成环境变量配置之后，打开命令提示符界面，输入"Python"，可以看到 Python 版本信息和 Anaconda 的字样，说明 Anaconda 安装成功，如图 1.9 所示。

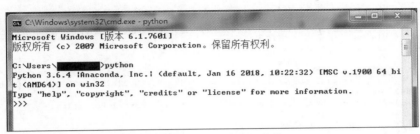

图1.9　验证Anaconda安装

Anaconda 安装完成之后，Python 的开发环境就搭建好了。现在就可以使用 Python 来开发程序了。

1.1.5　技能实训

Anaconda
安装配置
视频演示

在本地机上安装并配置 Anaconda。
分析：
➢ 从官网下载对应系统版本的 Anaconda。
➢ 安装 Anaconda，将安装路径和 Scripts 路径添加至环境变量，并在命令提示符界面中测试安装是否成功。

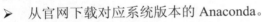

任务 2　在控制台输出"Hello Python"

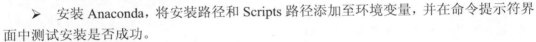

【任务描述】

本任务先介绍 Python 语言的特点、版本和应用场景，之后通过运行 Python 程序实现在控制台输出"Hello Python"。

【关键步骤】

（1）体验编写 Python 程序。
（2）了解 Python 编辑环境。
（3）PyCharm IDE 的安装与使用。

1.2.1　Python 程序初体验

1. 在命令行中开发 Python 程序

示例 1

写一段 Python 代码在命令行输出"Hello Python"。
实现步骤：
（1）打开命令提示符界面，输入命令"Python"进入 Python 环境。

（2）在 Python 环境中输入：print('Hello Python')，按回车键。

关键步骤如图 1.10 所示。

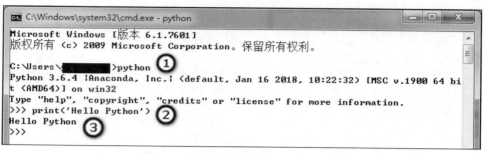

图1.10　命令行输出"Hello Python"

在图 1.10 中，首先，在命令提示符界面输入"python"，进入 Python 环境；随后，在">>>"符号后输入 Python 代码：print("Hello Python")，并按回车键运行代码，在控制台打印输出"Hello Python"。

print 是 Python 3.X 中的一个内置函数，它接收字符串作为输入参数，并打印输出这些字符。例如：运行 print('Hello Python')就会在控制台打印出"Hello Python"。在 Python 中，函数调用的格式是函数名加括号，括号中是函数的参数，在后面的章节中会具体介绍函数。

2. 使用文本编辑器开发 Python 程序

用命令行编写 Python 程序，每次只能执行一行代码。用文本编辑器编写 Python 程序，可以实现一次运行多行代码。用文本编辑器编写代码之后，以后缀名.py 保存，并在命令行中运行这个文件。

示例 2

使用文本编辑器编写 Python 代码，实现在命令行输出"Hello""Python"两个单词，并且这两个单词之间需要换行。

关键步骤：

（1）在路径"D:\"下新建文本文件 Python.txt。

（2）在 Python.txt 中写入以下内容：

```
print('Hello')
print('Python')
```

在保存的时候，将文件另存为 Python.py。

（3）打开命令提示符界面，输入"D:"命令进入路径，之后输入"python Python.py"，用 Python 命令执行这个文件。

输出结果：

```
Hello
Python
```

关键步骤如图 1.11 所示。

图1.11　命令行执行python.py文件

图 1.11 中的步骤①和步骤②是输入的命令，步骤③是输出的结果。

现在已经完成了在控制台输出"Hello Python"的任务。在实际工作中，直接在命令行和文本编辑器中编写代码的情况非常少。绝大多数情况下，开发人员都是在集成开发环境（Integrated Development Environment，IDE）中开发程序。

1.2.2　PyCharm 集成开发环境

集成开发环境具备很多便于开发和写代码的功能，例如调试、语法高亮、项目管理、智能提示等。

1．Python 集成开发环境

在 Python 开发领域中，最常用的两种集成开发环境是 Jupyter Notebook 和 PyCharm。

（1）Jupyter Notebook

Jupyter Notebook 是一个交互式笔记本，支持 40 多种编程语言。其本质是一个 Web 应用程序，便于创建和共享文字化程序文档，支持实时代码、数学方程、可视化和 Markdown，包含自动补全、自动缩进，支持 bash shell 命令等。其主要用途包括数据清理和转换、数值模拟、统计建模、机器学习等。

（2）PyCharm

PyCharm 是 JetBrains 公司开发的 Python 集成开发环境。PyCharm 的功能十分强大，包括调试、项目管理、代码跳转、智能提示、自动补充、单元测试、版本控制等，对编程有非常大的辅助作用，十分适合开发较大型的项目，也非常适合初学者。

本节将重点介绍 PyCharm，并且本书使用的集成开发环境也是 PyCharm。

2．安装配置 PyCharm 集成开发环境

（1）安装 PyCharm 集成开发环境

访问 PyCharm 官网，进入下载页面，选择相应的系统平台和版本下载，不同的系统平台都提供有两个版本的 PyCharm 供下载，分别是专业版（Professional）和社区版（Community），如图 1.12 所示。

专业版具有以下特点：

➢ 包含社区版的所有功能。

➢ 提供 Python 集成开发环境的所有功能，支持 Web 开发。

➢ 支持 Django、Flask、Google App 引擎、Pyramid 和 Web2py。

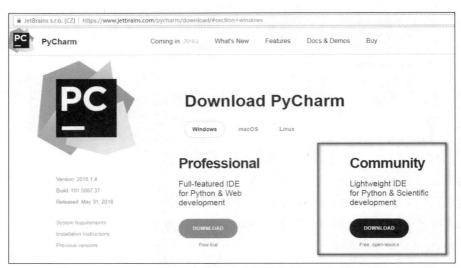

图1.12　PyCharm下载页面

➢　支持 JavaScript、CoffeeScript、TypeScript、CSS 和 Cython 等。

➢　支持远程开发、Python 分析器、数据库和 SQL 语句。

社区版具有以下特点：

➢　轻量级的 Python 集成开发环境，只支持 Python 开发。

➢　免费、开源、集成 Apache2 的许可证。

➢　提供智能编辑器、调试器，支持重构和错误检查，集成 VCS 版本控制。

由于专业版收费，而社区版足以满足初学者几乎所有的需求，本书推荐下载社区版。

PyCharm 社区版的安装步骤如下：

① 运行.exe 文件，进入安装界面，如图 1.13 所示。

图1.13　安装界面

② 选择 PyCharm 的安装路径，单击 Next 按钮，如图 1.14 所示。

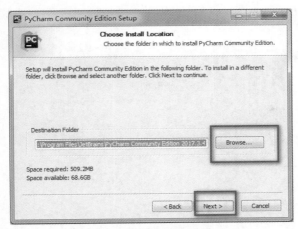

图1.14　设置安装路径界面

③ 进入文件配置界面，勾选如图 1.15 所示复选框，单击 Next 按钮。

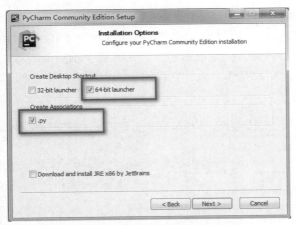

图1.15　文件配置界面

④ 进入选择启动菜单的界面，单击 Install 按钮，如图 1.16 所示。

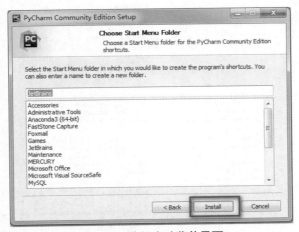

图1.16　选择启动菜单界面

⑤ 等待安装完成，单击 Finish 按钮，打开 PyCharm，如图 1.17 所示。

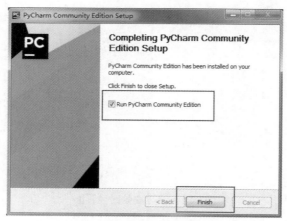

图1.17　安装完成

（2）配置 PyCharm，设置关联 Anaconda

完成 PyCharm 的安装之后，勾选 Run PyCharm Community Edition 复选框，单击 Finish 按钮，运行 PyCharm 软件。如果没有勾选，则需要手动启动运行 PyCharm。首次使用 PyCharm，系统会询问用户是否导入之前的设置。如果是新用户的话，直接选择不导入，如图 1.18 所示。

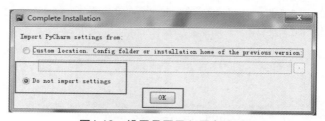

图1.18　设置是否导入原有设置

在图 1.19 所示界面中，阅读用户须知，用鼠标将滚动条下拉到最底端，单击 Accept 按钮，如图 1.19 所示。

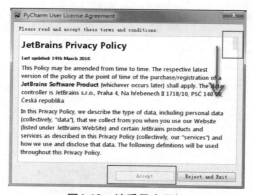

图1.19　接受用户须知

完成上述步骤之后，PyCharm 会提示用户选择 IDE 的主题风格和字体风格，如图 1.20 和图 1.21 所示。

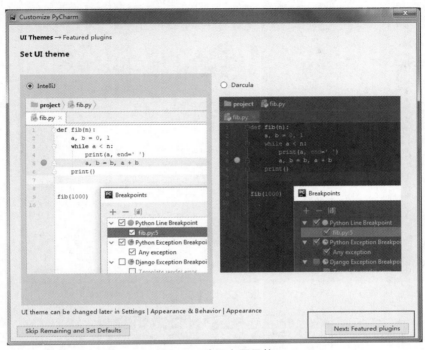

图1.20　选择主题风格

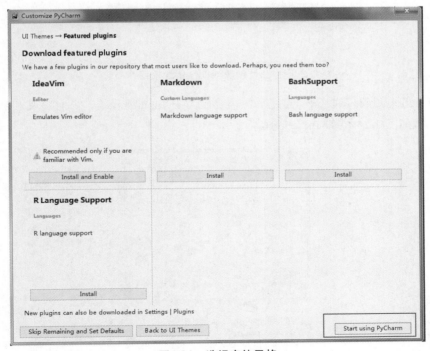

图1.21　选择字体风格

完成风格设置之后，系统会提示用户创建一个项目，接着创建一个名为 hellopython 的项目，如图 1.22 和图 1.23 所示。

图1.22　创建项目

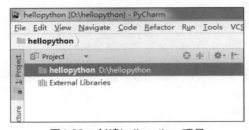

图1.23　创建hellopython项目

完成 hellopython 项目的创建之后，需要配置 Python 解释器，并且将其和 Anaconda 关联，步骤如图 1.24 至图 1.27 所示。

图1.24　选择Settings

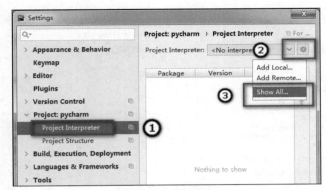

图1.25　选择Show All

图1.26　添加解释器

选择 System Interpreter 之后即添加了 Anaconda 的 Python 解释器，单击 OK 按钮。

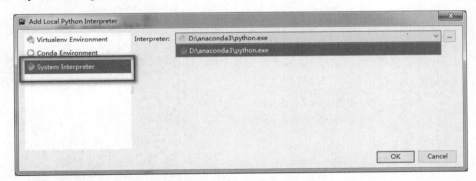

图1.27　选择添加解释器

添加完解释器之后，就已经关联上了 Anaconda。在图 1.28 所示的界面中，之前的空白区显示了 Anaconda 支持的第三方库列表，说明关联 Anaconda 成功。

读者如对安装和配置过程还有疑惑，可扫描二维码。

（3）使用 PyCharm 运行 Python 文件

关联了 Anaconda 之后，就可以使用 PyCharm 运行 Python 程序了。

在项目 hellopython 中，新建 Python 文件 hellopython.py，具体步骤：用鼠标右键单击 hellopython 项目文件夹→选择 New→选择 Python File，如图 1.29 所示。

PyCharm
安装配置

1
Chapter

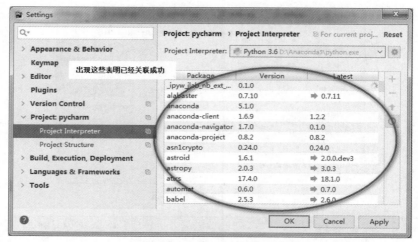

图1.28　Anaconda关联成功

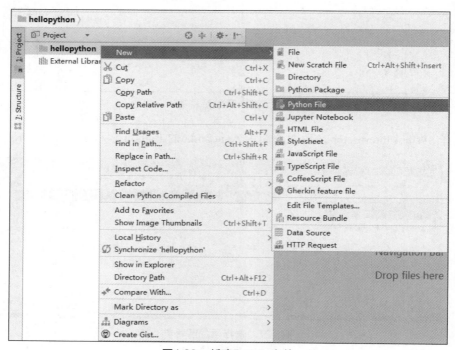

图1.29　新建Python文件

之后将该 Python 文件命名为 hellopython，不需要将.py 的后缀名加上，新建的 Python
文件会自动加上后缀名，如图 1.30 所示。

图1.30　命名为hellopython

在项目目录中找到 hellopython.py 文件并打开，输入代码：print('Hello Python')，之后在空白区域单击鼠标右键，选择 Run 命令执行代码，如图 1.31 所示。

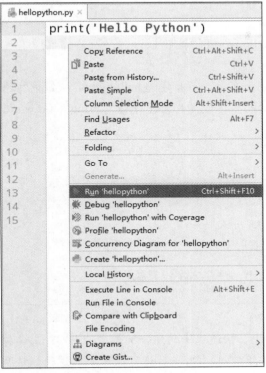

图1.31　执行Python文件

在 PyCharm 下方的控制台可以看到"Hello Python"已经被打印输出了，如图 1.32 所示。

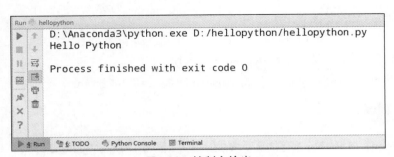

图1.32　控制台输出

3. Python 的注释

在编程过程中，程序员经常会为某一行或某一段代码添加注释，进行解释或提示，以提高程序代码的可读性，方便自己和他人清晰地看懂代码的具体作用。注释部分的文字或者代码将不会被执行。在 Python 中，添加注释的方式有两种：单行注释和多行注释。

> 单行注释：以"#"开始，后面是代码的说明内容。例如：#你好。
> 多行注释：以'"""'开始，以'"""'结束，说明内容分布在多行。例如：'"""你好"""'。

示例 3

用两种方式为"hello world"添加注释"你好"，并且打印出"hello world"。

分析：

（1）打开 PyCharm，在上一节新建的 hellopython 项目下新建一个 hello.py 文件。

（2）使用单行注释和多行注释，将注释写入 print('hello world')语句之后。

关键代码：

```
print('hello world')#你好
"""
你
好
"""
```

输出结果：

```
hello world
```

从输出结果可以看出，注释文字没有执行。

 注意

在 PyCharm 中，快速注释的组合键是"Ctrl+/"。具体操作是：选中需要注释的代码或文字，按组合键"Ctrl+/"即可快速添加注释，这个组合键在日后学习和开发过程中将经常用到。

1.2.3 技能实训

在本地机上安装并配置 PyCharm。

分析：

> 从官网下载对应系统的 PyCharm 社区版。
> 安装 PyCharm 社区版，并将 Anaconda 关联到 PyCharm。

本章总结

> Python3 与 Python2 有比较大的区别，强烈推荐使用 Python3。
> Python 的应用场景广泛，适合数据分析、运维、Web 应用等。
> 建议通过安装 Anaconda 来搭建 Python 开发环境。
> 推荐使用集成开发环境运行 Python 程序，集成开发环境对提高开发效率会有很大帮助。
> PyCharm 是推荐使用的集成开发环境，功能十分强大。
> Python 有单行注释和多行注释两种注释方法。

本章作业

1. 简答题

（1）简述 Python 的应用领域。（至少 5 个）

（2）简述 Python 的特点。（至少 3 点）

（3）简述 Python2 与 Python3 的不同点。（至少 3 点）

（4）简述 PyCharm 的便捷功能。（至少 3 点）

2. 编码题

使用 PyCharm 集成开发环境编写 Python 程序，打印出以下符号：

=。=|||

第 2 章

变量与数据类型

本章资源下载

变量和数据类型是程序设计语言的基础，熟练掌握 Python 变量的使用方法、数据类型、字符串的操作是实现 Python 程序开发的必备基础。本章将对 Python 中的数据类型做重点介绍，同时对本章的难点——字符串类型数据的操作做重点讲解。

任务1 输出学生的信息

【任务描述】

本任务通过变量和数据类型的相关知识完成在控制台输出学生信息，包括学生姓名、身高、年龄等。

【关键步骤】

（1）理解变量的含义。

（2）掌握 4 种基础数据类型。

（3）使用运算符。

2.1.1 变量和数据类型

1. 变量的概念

变量是计算机内存中的一块区域，用于存储规定范围内的值，在程序运行过程中变量的值可以改变。通俗地说，变量就是给数据起的一个名字。

在 Python 中，变量赋值使用等号运算符"="。等号运算符左边是变量名，可以自己设定，需要避免与 Python 内置关键字重名，等号右边是存储在变量中的值。

【语法】

变量名 = 值

【说明】

变量不需要声明数据类型，其类型在赋值的那一刻被初始化。

Python 变量的命名规则：

➤ 变量名的长度不受限制，其中的字符只能是英文字母、数字或者下划线"_"，而不能使用空格、连字符、标点符号、引号或其他符号。

➤ 变量名的第一个字符不能是数字，而必须是字母或下划线。

➤ Python 区分大小写。

➢　不能将 Python 关键字作为变量名，例如 and、del、return 等。

➢　变量命名尽量做到"见名知意"，即看见变量名就能知道变量的意思，这样能有效地提高程序开发的效率。

Python 常用关键字

示例 1

找出以下错误的变量定义语句。

```
money:150
name -> '韩梅梅'
weight = 72.1
date @ 12-24
```

分析：

Python 的变量赋值使用等号运算符"="，故变量 money、name、date 的变量赋值语句都是错误的。

在 Python 中支持同时为多个变量赋值，也是使用等号运算符"="，多个变量之间使用逗号","隔开。

【语法】

① 变量名 1[,变量名 2,…,变量名 n] = 值
② 变量名 1[,变量名 2,…,变量名 n] = 值 1[,值 2, …, 值 n]

【说明】

可以将多个变量赋值为同一个值，如①所示，"="左边为多个变量名，通过","分隔开，右边为这些变量的值。

也可以为多个变量分别赋值，如②所示，变量名 1 对应值 1，变量名 2 对应值 2，以此类推，变量名需要与变量值一一对应，如果没有一一对应，程序将会报错。

示例 2

找出下列正确的变量定义语句。

```
age,weight,name = 21,58.3
num_people,num_cars = 20
count,sum_count = 13,25,36
```

分析：

可以看出，只有第二条语句是对的，第一条语句和第三条语句都是对多变量分别赋值，但是没有做到变量与其值的一一对应。

2. 数据类型

在使用变量存储数据时，为了更充分地利用内存空间，需要为变量指定不同的数据类型。虽然在 Python 中给变量赋值不需要为其指定数据类型，但是实际上 Python 已经默认将该数据指定为合适的数据类型了。

Python 的常见基础数据类型是：整型、浮点型、布尔型和字符串类型。

（1）整型

整型就是整数，在 Python 中用 int 表示。例如数字 83。整型字面值的表示方式有四种，分别是十进制、二进制（以"0b"开头）、八进制（以"0"开头）和十六进制（以

"0X"开头）。在 Python 中，整型变量表示的范围有限，且与系统的最大整型保持一致。例如：32 位计算机上的整型最多是 32 位，可以表示的范围为 -2^{31} ～ $(2^{31}-1)$。

示例 3

李明 16 岁，声明一个变量 liming_age 来保存李明的年龄信息并输出。

分析：

从示例 3 的描述中可以看出，需要声明一个变量，命名为 liming_age，并将 16 赋值给 liming_age，最后在控制台打印输出。

关键代码：

```
liming_age = 16
print(liming_age)
```

输出结果：

```
16
```

（2）浮点型

浮点型用于表示实数，通俗来说就是带小数点的数，在 Python 中用 float 表示。例如，普通的浮点型数据 3.14，科学计数法表示为 3.14E0（表示 $3.14*10^0$）。如果将变量赋值为这两种方式表示的数据，Python 会默认将变量设置为浮点型。例如：pi = 3.14。

示例 4

李明的身高是 174.5cm，声明一个变量 liming_height 来保存李明的身高信息并输出。

分析：

从示例 4 的描述中可以看出，需要声明一个变量，命名为 liming_height，并将 174.5 赋值给 liming_height，最后在控制台打印输出。

关键代码：

```
liming_height = 174.5
print(liming_height)
```

输出结果：

```
174.5
```

> ⚠️ **注意**
>
> 174.0 属于浮点型数据，可以认为凡是带小数点的数字都是浮点型，而不必考虑其真实数字的值是不是整数。

（3）布尔型

布尔型是特殊的整型，在 Python 中用 bool 表示，它的值只有两个，分别是 True 和 False。如果将布尔值用于数值运算，True 会被当作整数 1，False 会被当作整数 0。例如：在控制台输入 print(1+True)，控制台会打印出 2。每一个 Python 对象都自带布尔值属性，经常被用来做测试和条件判断。

示例 5

李明是党员，声明一个变量 liming_dangyuan 保存李明是否是党员的信息，并输出。

分析：

从示例 5 的描述中可以看出，需要声明一个变量，取名为 liming_dangyuan，并将变量赋值为 True，之后将变量打印输出。

关键代码：

```
liming_dangyuan = True
print(liming_dangyuan)
```

输出结果：

```
True
```

（4）字符串类型

字符串是一种表示文本的数据类型，在 Python 中用 str 来表示，字符串类型在 Python 中被定义为一个字符集合，其中的字符可以是 ASCII 字符、各种符号和 Unicode 字符等。

字符串有 3 种创建方式，分别是使用单引号、双引号和三引号。例如：'liming'、"李明"、"""李明 liming"""。其中使用三引号创建字符串时允许字符串换行。使用这三种方式创建的字符串没有区别，需要注意的是，在使用单引号创建的字符串中，不能出现单引号，同理在使用双引号和三引号创建的字符串中不能出现双引号，例如：'let's go'、"你"好"的写法都是错误的。

示例 6

声明一个变量 liming_describe 用来保存一段文字并输出。文字是：我的名字叫李明，我今年 16 岁，身高 174.5cm。

分析：

从示例 6 的描述中可以看出，需要声明一个变量，命名为 liming_describe，并将变量赋值为'我的名字叫李明，我今年 16 岁，身高 174.5cm'，之后将变量打印输出。

关键代码：

```
liming_describe = '我的名字叫李明，我今年 16 岁，身高 174.5cm'
print(liming_describe)
```

输出结果：

```
我的名字叫李明，我今年 16 岁，身高 174.5cm
```

在字符串中，如果要让字符输出换行，或者字符串中包含"'"引号，需要用到字符串的转义字符"\"。单个反斜杠转义字符表示之后的一个字符没有特殊含义。

示例 7

在示例 6 中，将输出内容改为：我的名字叫'李明'，我今年 16 岁，身高 174.5cm。

分析：

从描述中可以看出，在需要输出的内容中包含一对单引号(')。如果直接写成：我的名字叫'李明'，我今年 16 岁，身高 174.5cm。中间的两个单引号会有歧义，这时就需要用到转义字符"\"来完成。

关键代码：

```
liming_describe = '我的名字叫\'李明\'，我今年 16 岁，身高 174.5cm'
```

```
print(liming_describe)
```
输出结果：

我的名字叫'李明'，我今年 16 岁，身高 174.5cm

转义字符除了转义的作用，还有一些特定组合用于表示特定的含义，例如 "\n" 表示换行、"\t" 表示空 4 个字符位置等。具体转义字符含义如表 2-1 所示。

表 2-1 转义字符

转义字符	描述
\（在行尾时）	续行符
\\	反斜杠符号
\'	单引号
\"	双引号
\a	响铃
\b	退格（Backspace）
\e	转义
\000	空
\n	换行
\v	纵向制表符
\t	横向制表符，空 4 个字符位置，等效于 tab
\r	回车
\f	换页
\oyy	八进制数 yy 代表的字符，例如：\o12 代表换行
\xyy	十进制数 yy 代表的字符，例如：\x0a 代表换行

Python 字符串可以通过索引来获取字符串中的字符，第 1 个字符的索引是 0，第 2 个字符的索引是 1，以此类推。字符串的索引方式是在该字符串名字后加上 "[index]"，index 是索引位置。

示例 8

输出 "Hello Python" 字符串中索引为 6 的字符。

关键代码：

```
string = 'Hello Python'
print(string[6])
```
输出结果：

P

从输出结果可以看出，索引为 6 的字符是字母 P，开头字母 H 的索引为 0。空格也占一个索引位置。

3．type()函数输出变量类型

在 Python 中，声明变量时不需要定义变量的类型。如果遇到更复杂的数据类型或者变量之间耦合度较高时，会有不知道变量类型的情况。使用 type()函数可以返回变量类型。

示例 9

声明变量保存李明的姓名、年龄（16 岁）和身高（174.5cm）信息，输出这些变量的类型。

分析：

从示例 9 的描述中可以看出，需要声明 3 个变量，分别保存李明、16、174.5，之后将用 type 函数判断各个变量的类型并打印输出。

关键代码：

```
name = '李明'
age = 16
height = 174.5
print(type(name))
print(type(age))
print(type(height))
```

输出结果：

```
<class 'str'>
<class 'int'>
<class 'float'>
```

从输出结果可以看出，用 type 函数输出了 3 个变量各自的类型。

4．常用类型转换

在 Python 中，字符串、整型、浮点型数据之间的转换非常简便，只需要调用 str()、int()、float()这 3 个函数就能实现。但需要注意：字符串类型的字符必须全部是数字才能被转换为整型和浮点型，通俗一点就是字符串看起来是由数字组成的。

示例 10

声明一个变量保存数字 38，之后将其转换为浮点型和字符串类型并输出。

关键代码：

```
num = 38
num_float = float(num)
num_str = str(num)
print(num,type(num))
print(num_float,type(num_float))
print(num_str,type(num_str))
```

输出结果：

```
38 <class 'int'>
38.0 <class 'float'>
38 <class 'str'>
```

从输出结果可以看出，变量类型很简便地实现了转换。

> **注意**
>
> ➤ 如果用 int 和 float 函数转换字符串遇到非数字的情况，例如：int('李明')，会报错。能顺利转换的只能是 int('123') 这种数字形式的字符串。
>
> ➤ 在 int 和 float 类型之间转换时也需要注意，如果转换的数非整数，则不能实现转换，例如：int(123.4)，这种转换也会报错。

2.1.2 运算符

对数据的变换称为运算，表示运算的符号称为运算符，参与运算的数据称为操作数。例如：1+2，这个加法运算中，"+"称为运算符，数字 1 和 2 称为操作数。本节主要介绍 Python 中的赋值运算符、算术运算符、比较运算符、逻辑运算符、成员运算符和身份运算符。

1. 赋值运算符

赋值运算符只有一个，就是"="，在前面介绍变量时已经提到了，它的作用是把等号右边的值赋给左边的变量。除了普通的单变量和多变量的赋值，即：a=1，a,b=1，a,b=1,2 等赋值方式，还支持多变量多重赋值：a=b=c=1，也支持赋值数据运算的结果：num=1+2 等。

2. 算术运算符

算术运算符主要用于计算，例如：+、-、*、/都属于算术运算符，分别代表加、减、乘、除。Python 中主要的算术运算符如表 2-2 所示。

表 2-2　算术运算符

运算符	描述	实例（a=10,b=21）
+	加：两个数相加	a + b 输出结果 31
-	减：得到负数或是一个数减去另一个数	a - b 输出结果 -11
*	乘：两个数相乘或是返回一个被重复若干次的字符串	a * b 输出结果 210
/	除：x 除以 y	b / a 输出结果 2.1
%	取模：返回除法的余数	b % a 输出结果 1
**	幂：返回 x 的 y 次幂	a**b 输出结果为 10 的 21 次幂
//	取整除：返回商的整数部分	9//2 输出结果 4，9.0//2.0 输出结果 4.0

示例 11

李明于 2002 年出生，计算他在 2018 年时的年龄。

分析：

首先将 2002 和 2018 存储在变量中，然后通过算术运算符"-"求出变量之间的差值，就能得出李明的年龄。

关键代码：

```
liming_born = 2002
now = 2018
liming_age = now – liming_born
print(liming_age)
```

输出结果：

16

 注意

在 Python3 中，对于除法运算符，如果两个操作数都是整数，输出结果将自动转换为浮点型；如果操作数包含浮点数，输出结果也将为浮点型。

3．比较运算符

比较运算符用于比较两个数，其返回的结果只能是布尔值 True 或 False。Python 中常见的比较运算符如表 2-3 所示。

表 2-3　比较运算符

运算符	描述	实例（a=10,b=21）
==	检查两个操作数的值是否相等。如果是，则条件成立	a == b 输出结果 False
!=	检查两个操作数的值是否不相等。如果是，则条件成立	a != b 输出结果 True
>	检查左边操作数的值是否大于右边。如果是，则条件成立	a > b 输出结果 False
<	检查左边操作数的值是否小于右边。如果是，则条件成立	a< b 输出结果 True
>=	检查左边操作数的值是否大于或等于右边。如果是，则条件成立	a>=b 输出结果 False
<=	检查左边操作数的值是否小于或等于右边。如果是，则条件成立	a<=b 输出结果 True

示例 12

比较 15 岁的张华和 16 岁的王峰的年龄大小。

分析：

将张华的年龄 15 和王峰的年龄 16 存储在变量中，通过比较运算符 ">" 比较两人年龄的大小。

关键代码：

```
zhanghua = 15
wangfeng = 16
print(zhanghua>wangfeng)
```

输出结果：

False

比较运算符 ">" 输出 False 表明左边的值比右边的值小，可以得出张华的年龄比王峰的年龄小。

 注意

> ➤ "="为赋值运算符，"=="为等于运算符。
> ➤ ">" "<" ">=" "<=" 只支持数值类型的比较。
> ➤ "==" "!=" 支持所有数据类型的比较，包括数值类型、布尔类型等。

4．逻辑运算符

逻辑运算符用于对两个布尔类型操作数进行运算，其结果也是布尔值。逻辑运算符如表 2-4 所示。

表 2-4　逻辑运算符

运算符	逻辑表达式	描述
and	x and y	表示逻辑与。x 和 y 同为 True 时，返回 True；否则返回 False
or	x or y	表示逻辑或。x 和 y 中有一个为 True 时，返回 True；否则返回 False
not	not x	表示逻辑非。如果 x 为 True，返回 False；如果 x 为 False，返回 True

示例 13

设置变量 x 值为 7*3，输出 x 值是否大于 10 且小于 20。

分析：

设置变量 x，用比较运算符 ">" "<" 对数值进行比较，用逻辑运算符 "and" 对比较结果进行逻辑运算。

关键代码：

```
x = 7*3
print(x>10 and x<20)
```

输出结果：

```
False
```

可以看出，x 的值为 21，明显比 10 和 20 都大。在比较运算中，x>10 返回 True，而 x<20 返回 False，再通过 and 运算，返回 False。

5．成员运算符

成员运算符用来判断指定的序列中是否包含某个值，如果包含，返回 True，否则返回 False。成员运算符如表 2-5 所示。

表 2-5　成员运算符

运算符	描述	实例（x：成员，y：可迭代对象）
in	如果在指定的序列中找到该值，则返回 True；否则返回 False	x in y：　如果 x 在 y 序列中，返回 True
not in	如果在指定的序列中没有找到该值，则返回 True；否则返回 False	x not in y：　如果 x 不在 y 序列中，返回 True

示例 14

判断字母"h"是否在字符串"Hello Python"中。

分析：

使用成员运算符"in"来判断。

关键代码：

```
print('h' in 'Hello Python')
```

输出结果：

True

 注意

表 2-5 中的 y 只能是可迭代对象，例如：字符串、列表、元组、集合、字典等。当 y 为非迭代对象时，使用成员运算符进行运算将会报错，例如：print(1 in 12)将报错。

6．身份运算符

身份运算符用于比较两个对象的存储地址，身份运算符如表 2-6 所示。

表 2-6　身份运算符

运算符	描述	实例（x：变量，y：变量）
is	判断两个标识符是不是引用自一个对象。如果是则返回 True，否则返回 False	x is y，等价于 id(x) == id(y)。如果 x 和 y 引用同一个对象或者保存在同一块内存地址，返回 True；否则返回 False
is not	判断两个标识符是不是引用自一个对象。如果是则返回 False，否则返回 True	x is not y，等价于 id(x) != id(y)，如果 x 和 y 引用同一个对象或者保存在同一块内存地址，返回 False；否则返回 True

 注意

表 2-6 中的 id()函数返回的是对象指向内存的地址，是一串阿拉伯数字，经常被用来判断对象是否相同。对象的概念将会在第 8 章"面向对象编程"中详细介绍。

示例 15

将 a、b 两个变量分别赋值为 20，使用身份运算符比较它们。

关键代码：

```
a = 20
b = 20
print(a is b)
print(id(a))
print(id(b))
```

输出结果：

True

1695379520

1695379520

其中数字 1695379520 表示数字 20 所指向的内存地址，可以看出，变量 a 和 b 是指向同一块内存地址，即它们是同一个对象。

 注意

"is" 与 "==" 的区别在于 "is" 用于判断两个变量引用对象是否为同一个，而 "==" 用于判断引用变量的值是否相等。

2.1.3 技能实训

在公司内部竞聘中，候选人小明和小强竞聘部门副经理，考核项共有 5 个，分别是部门同事投票、去年业绩、年龄、在公司工龄、竞聘演讲得分。5 个考核项的具体评分情况如下：

（1）部门同事投票，每一票得 3 分。

（2）去年业绩，得分=去年业绩/20000。例如：去年业绩为 500000，该项得分为 500000/20000 = 25 分。

（3）年龄更小的得分，每小一岁得 2 分。

（4）在公司工龄的得分为每多一年得 5 分。

（5）竞聘演讲得分，为演讲实际得分。

候选人情况如下：

候选人姓名	部门同事投票	去年业绩	年龄	在公司工龄	竞聘演讲得分
小明	11	586319	34	10	81
小强	7	811064	27	4	83

使用 Python 运算符，公平公正地选出部门副经理。

分析：

➢ 将小明的得分和小强的得分通过变量存储。

➢ 使用 Python 算术运算符来计算两人的得分。

➢ 使用比较运算符比较两人得分的高低。

任务 2 实现文本处理

【任务描述】

本任务通过对字符串的处理，实现文本处理。

【关键步骤】

（1）掌握字符串拼接和占位的方法。

（2）掌握字符串的一些常用操作方法。

2.2.1　字符串拼接和占位

1. 使用运算符拼接字符串

在 Python 中，可以使用算术运算符"+"来拼接字符串，运算符"+"左边的字符串会在最末尾的地方拼接上"+"右边的字符串。

示例 16

李明的个人简要信息都已经保存在变量中了，需要在控制台输出他的简要介绍，得到"他叫李明，今年 16 岁，他的身高是 174.5 厘米"。

分析：

示例 16 要求输出的字符串中，"李明""16""174.5"这几个值都包含在变量中，其他的文字或符号可以通过运算符"+"拼接的方式，将完整的字符串输出。

关键代码：

```
name = '李明'
age = 16
height = 174.5
print('他叫'+name+'，今年'+str(age)+'岁，他的身高是'+str(height)+'厘米')
```

输出结果：

他叫李明，今年 16 岁，他的身高是 174.5 厘米

在 Python 中，可以使用算术运算符"*"来复制字符串，也能实现拼接。

【语法】

变量/字符串 * 正整数

【说明】

输出的是变量所代表的字符串或者字符串本身的正整数倍。

示例 17

在控制台输出"Hello PythonHello PythonHello PythonHello Python"。

分析：

可以观察出，示例 17 要求输出的字符串由 4 个"Hello Python"拼接而成，使用"*"复制 4 次"Hello Python"即可。

关键代码：

```
a = 'Hello Python'
print(a*4)
```

输出结果：

Hello PythonHello PythonHello PythonHello Python

如果想让字符串输出美观一些，可以在 a 变量的字符串末尾加上换行符，那样就会按照行来打印输出字符串了，例如将第二行代码改成：print((a+'\n')*4)。

注意

字符串拼接可以使用算术运算符"+"和"*"来实现，如果是要截取一段字符串，就不能使用"−"和"/"，因为 Python 的字符串操作中是没有这两个运算符的。

2. 通过占位符格式化字符串

Python 支持格式化输出字符串。Python 中的字符串可以通过占位符格式化，占位符对应着所要占位的变量类型，并通过"%"给对应占位符传入数值，最终字符串将与占位符传入的值进行拼接。

【语法】

变量 1 = 字符串
变量 2 = 'xxx%sxxx'%变量 1
变量 3 = 整数
变量 4 = 'xxx%sxxx%d'%(变量 1,变量 3)

【说明】

"%s"表示字符串内的占位符，其中的"s"表示要传入的值是字符串类型，"%变量 1"表示需要传入的值，即变量 1 的值将传入到占位符所在的位置。当一个字符串中有多个占位符时，需在"%"后加上"()"将传入的变量按位置放入，%(变量 1,变量 3)表示将变量 1 和变量 3 的值分别传入到对应位置的占位符中，"%d"表示整数类型占位符。不同类型占位符的符号如表 2-7 所示。

表 2-7 占位符

符号	描述
%c	格式化字符以及 ASCII 码
%s	格式化字符串
%d	格式化整数
%u	格式化无符号整数
%o	格式化无符号八进制数
%x	格式化无符号十六进制数
%X	格式化无符号十六进制数（大写）
%f	格式化浮点数，可指定小数点后精度，如：%.2f 表示保留两位小数
%e	用科学计数法格式化浮点数
%E	作用与%e 相同，用科学计数法格式化浮点数
%g	%f 和%e 的简写
%G	%f 和%E 的简写
%p	用十六进制数格式化变量的地址

在实际的学习和工作中，经常使用的占位符是"%s""%d""%f"。

示例 18

使用占位符实现示例 16，在控制台输出李明的基本信息介绍。

关键代码：

```
name = '李明'
age = 16
height = 174.5
print('他叫%s，今年%d 岁，他的身高是%f 厘米'%(name,age,height))
```

输出结果：

他叫李明，今年 16 岁，他的身高是 174.5 厘米

在 Python 中，还支持一种高效的占位函数 format()。

format 函数
使用方法
介绍

2.2.2　常用操作字符串的方法

1. 统一英文大小写

在实际应用中，经常会遇到"Python"和"python"表示一个意思，但是在计算机中这两者是不同的，因为它们是不同的字符串。Python 的字符串函数 lower()和 upper()在处理英文字母时会将英文大小写统一，lower()函数将所有英文字母小写，upper()函数将所有英文字母大写。

示例 19

将字符串"Hello Python，你好 Python"中所有的英文字母都转换成小写。

分析：

将"Hello Python，你好 Python"字符串存储在变量中，然后通过 lower()函数将英文字母转换为小写。

关键代码：

```
string = 'Hello Python，你好 Python'
print(string.lower())
```

输出结果：

hello python，你好 python

可以看出，lower()函数只对英文字母起作用。

2. 去除字符串首尾空格

可以通过 Python 内建函数去除字符串首尾的空格。lstrip()函数去除字符串开头的空格，rstrip()函数去除字符串末尾的空格，strip()函数同时去除字符串首尾的空格。

示例 20

将字符串" Hello Python   "中首尾的空格去除。

分析：

将" Hello Python   "字符串存储在变量中，通过字符串的 strip()函数将字符串前后的空格去除。

关键代码：

```
string = '   Hello Python        '
print(string.strip()+'3')
```

输出结果：

```
Hello Python3
```

从输出结果可以看出，字符串首尾的空格都被去除了。

3．拆分字符串

在 Python 中，可以通过内建函数 split()对字符串进行拆分。split()函数接收一个分隔符作为参数，以该分隔符为标志将字符串分割为几部分，并将分割部分存入列表中，最后返回整个列表。

示例 21

将字符串"Hello&Python"拆分成"Hello"和"Python"两个字符串。

分析：

拆分字符串可以使用内建函数 split()，观察字符串发现"Hello"和"Python"是由字符"&"分隔的，于是将"&"作为分隔符传入 split()函数中，就可以实现将该字符串分割。

关键代码：

```
string = 'Hello&Python'
print(string.split('&'))
```

输出结果：

```
['Hello','Python']
```

可以看出，split()函数将字符串按照分隔符进行了拆分，并且将它们放在列表中。分割字符串时，分隔符会被去除。列表是 Python 的一种数据结构，会在之后章节详细介绍。

4．查找子串的位置

若要查找某个字符或者某一串字符是否在字符串中，可以使用内建函数 find()来实现。find()函数接收一个字符串作为参数，如果该字符串存在于目标字符串中，则会返回该字符串在目标字符串中的初始索引位置；如果不存在于目标字符串中，会返回-1。

示例 22

判断"Python"和"Pyton"是否在"Hello Python"中。

关键代码：

```
string = 'Hello Python'
print(string.find('Python'))
print(string.find('Pyton'))
```

输出结果：

```
6
-1
```

从输出结果可以看出，"Python"是在"Hello Python"中的，并且"Python"的初始索引位置是 6。"Pyton"在"Hello Python"中则是找不到的，所以返回了-1，表示在目标字符串中没有该子字符串。

5．截取字符串

在 Python 中，字符串属于可迭代对象，可以直接对字符串使用循环和索引，截取字符串时可以直接使用索引的方式。

【语法】

字符串变量[索引]

字符串变量[起始索引:结尾索引]

【说明】

"[]" 为索引符号，索引只能为整数，"字符串变量[4]" 表示取字符串变量中的第 4 个元素。取一段字符可以在索引位置中间添加 ":"，"字符串变量[6:8]" 表示从第 6 个元素开始，到第 8 个元素结束，但是不包含第 8 个元素，所以输出的是第 6 和第 7 个元素。

6．字符串替换

若要对字符串中的某些字符或子串做替换修改可以使用内建函数 replace()。

【语法】

字符串变量.replace(要替换的字符串,替换后的字符串)

【说明】

replace() 函数作为 Python 中的字符串内建函数，只能对字符串使用。

示例 23

将字符串 "Hello World" 修改为 "Hello Python"。

分析：

字符串是可迭代对象，可以采用先对字符串索引再赋值的方式实现。但是，使用 replace() 函数实现将更加快速准确。

关键代码：

```
string = 'Hello World'
print(string.replace('World','Python'))
```

输出结果：

```
Hello Python
```

可以看出，通过 replace() 函数直接将 "World" 替换成了 "Python"。

7．获取字符串的长度

若要知道字符串的长度可以使用内建函数 len()。函数 len() 接收一个可迭代的对象作为参数，返回该对象中元素的个数。例如：输入一个字符串，返回的是字符串的长度，即字符串中字符的个数。

示例 24

输出字符串 "Hello Python" 的长度。

关键代码：

```
string = 'Hello Python'
print(len(string))
```

输出结果：

12

> ⚠ **注意**
>
> 在字符串"Hello World"中，中间的空格也算一个字符。

字符串还支持很多其他功能的内建函数，读者可扫描二维码进行了解。

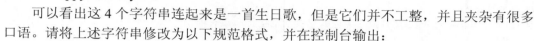

字符串
内建函数

2.2.3 技能实训

现有 4 个字符串，分别是：

"   haPPy BiRthDAy To u"

"Happy biRthDAy To you"

"   haPpy BirThdAy 2 deAr LiLi   "

"   happy birthday 2 u"

可以看出这 4 个字符串连起来是一首生日歌，但是它们并不工整，并且夹杂有很多口语。请将上述字符串修改为以下规范格式，并在控制台输出：

happy birthday to you

happy birthday to you

happy birthday to dear lili

happy birthday to you

分析：

➢ 使用 strip()函数去除前后空格。

➢ 使用 lower()函数将英文字母小写。

➢ 使用 replace()函数替换不规范的用语。

➢ 使用字符串拼接方法并在拼接时使用"\n"换行符。

本章总结

➢ 变量是用来存储数据的，为变量命名不能使用 Python 的关键字。

➢ Python 中最常用的 4 种基础类型：整型、浮点型、布尔型、字符串类型。

➢ type()函数可以返回某个对象或者变量的数据类型。

➢ "="是赋值运算符，而"=="是比较运算符。

➢ 拆分字符串使用 split()函数，替换字符串使用 replace()函数。

本章作业

1. 简答题

（1）列出 Python 中的比较运算符，至少 4 个，并简述它们的作用。

（2）写出"2>3 or 18!=16"这个表达式的输出结果，并简述计算过程。

2. 编码题

（1）将字符串"My name is Liming"中的所有英文字母都改为小写。

（2）取出字符串"My name is Liming"中第 8～13 个字符组成的字符串，并打印。

（3）将字符串"My name is Liming"转换为"My name is Lilei"，并打印。

第 3 章

流程控制语句

技能目标

- ➤ 理解如何利用缩进在 Python 中区分代码块结构
- ➤ 会使用选择结构
- ➤ 会使用循环结构
- ➤ 会使用多分支 if 语句
- ➤ 会使用多重循环语句
- ➤ 会使用跳转语句

本章任务

任务 1：根据销售业绩输出绩效提成百分比
任务 2：计算销售人员近 3 个月的平均销售金额

本章资源下载

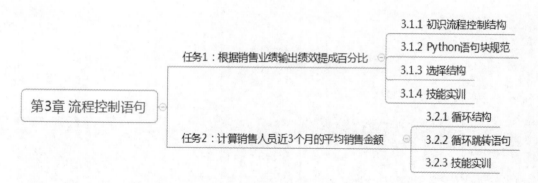

流程控制语句是程序设计语言的基础。编程中通过选择结构、循环结构的组合使用可以实现各种不同的程序逻辑。熟练掌握 Python 语言中流程控制语句的使用方法，是实现 Python 程序开发的必备基础。本章将介绍 if 选择结构、while 循环结构和 for 循环结构的使用方法。

任务 1　根据销售业绩输出绩效提成百分比

【任务描述】

在控制台获得销售人员当月的销售金额，使用流程控制结构判断本月能够获得的最高提成。

【关键步骤】

（1）从控制台获取数据。

（2）将数据保存在变量中。

（3）使用流程控制结构判断取值范围。

3.1.1　初识流程控制结构

在 Python 中有 3 种流程控制结构：顺序结构、选择结构、循环结构，如图 3.1 所示。

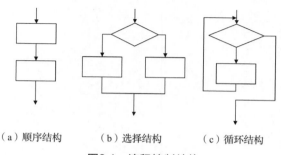

（a）顺序结构　　　（b）选择结构　　　（c）循环结构

图3.1　流程控制结构

➤　顺序结构是指程序从上向下依次执行每条语句的结构，中间没有任何的判断和跳转，前面的示例都采用的是顺序结构。

➢ 选择结构是根据条件判断的结果来选择执行不同的代码，可以分为单分支结构、双分支结构和多分支结构。在 Python 中提供了 if 控制语句来实现选择结构。

➢ 循环结构是根据条件来重复地执行某段代码或遍历集合中的元素。在 Python 中提供了 while 语句、for 语句来实现循环结构。

理论上已经证明，由这 3 种基本流程控制结构组成的算法可以解决任何复杂的问题。

3.1.2　Python 语句块规范

在 Python 中，使用缩进来区分代码块。缩进就是每行代码行首的空白，通过缩进的数量 Python 解释器就能够区分出不同代码块的层次。同一层次的语句必须有相同的缩进，每一组这样的语句称为一个块。通过流程控制语句与缩进，就能够实现在不同条件下执行对应的代码以完成业务逻辑的目的。

缩进可以用 2 个空格、4 个空格或 1 个 tab 来实现，但是不能够混用。在开发中，一般不直接使用空格来控制代码的缩进，而是统一使用 tab 键来实现代码的缩进。在使用他人的代码时更要格外注意由缩进引发的问题。

在后续的内容中，将会对容易因为缩进产生的错误进行更进一步的讲解。

3.1.3　选择结构

在 Python 中，使用 if 控制语句来实现选择结构。

1. if 控制语句

if 控制语句共有 3 种不同的结构，分别是单分支结构、双分支结构和多分支结构。

（1）使用 if 语句实现单分支结构

【语法】

if 表达式:
　　语句块

【说明】

➢ if 是 Python 关键字。

➢ 表达式是布尔类型的，其结果为 True 或 False。

➢ 表达式与 if 关键字之间要以空格分隔开。

➢ 表达式后面要使用冒号（:）来表示满足此条件后要执行的语句块。

➢ 语句块与 if 语句之间使用缩进来区分层级关系。

if 语句的流程图如图 3.2 所示。

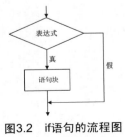

图3.2　if语句的流程图

if 语句的执行步骤如下。

① 对表达式的结果进行判断。

② 如果表达式的结果为 True，则执行语句块。

③ 如果表达式的结果为 False，则跳过语句块。

示例 1

本月销售金额小于等于 5000 元，输出"业绩太低。无提成"。

分析：

从示例 1 的需求描述可以看出，条件是"销售金额小于等于 5000 元"，对应于 Python 的 if 语句就是：

```
if 销售金额<=5000:
        执行语句块
```

实现步骤：

① 为保存销售金额的变量 sale 赋值。

② 使用 if 语句判断销售金额是否小于等于 5000 元，如果销售金额小于等于 5000 元，则输出信息"业绩太低。无提成。"。

关键代码：

```
sale = 3000
if sale <=5000:
        print("业绩太低。")
        print("无提成。")
```

输出结果：

业绩太低。

无提成。

在示例 1 的代码中，if 条件判断语句成立时会执行两条语句。修改 sale 的值为 6000，修改代码中的缩进，将产生不同的运行结果。

修改后的代码：

```
sale = 6000
if sale <=5000:
        print("业绩太低。")
print("无提成。")
```

输出结果：

无提成。

此时代码可以执行，但是代码的运行逻辑是错误的，原因是最后一行代码缩进改变了其自身所在代码块的层级，不再属于 if 条件语句成立时应该执行的代码块，而变成了 if 语句执行完成之后执行的代码块。所以当 sale 大于 5000 时也输出了"无提成"。

（2）使用 if-else 语句实现双分支结构

【语法】

if 表达式：

缩进对程序
逻辑的影响
视频讲解

　　　　语句块 1
　else:
　　　　语句块 2
【说明】

当表达式为真时，执行语句块 1；当表达式为假时，执行语句块 2。

if-else 语句的流程图如图 3.3 所示。

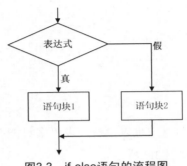

图3.3　if-else语句的流程图

if-else 语句的执行步骤如下。

① 对表达式的结果进行判断。

② 如果表达式的结果为 True，则执行语句块 1。

③ 如果表达式的结果为 False，则执行语句块 2。

 注意

➤ if-else 语句由 if 和紧随其后的 else 组成。

➤ else 子句不能单独使用，它必须是 if 语句的一部分，与同层级最近的 if 配对使用。

示例 2

如果本月销售金额小于等于 5000 元，输出"业绩太低，无提成。"；否则输出"业绩达标，有提成。"。

分析：

示例 2 的条件是"销售金额小于等于 5000 元"，由销售金额是否满足小于等于 5000 元的条件来确定控制台中输出的信息。

实现步骤：

① 为保存销售金额的变量 sale 赋值。

② 使用 if-else 语句判断销售金额是否小于等于 5000 元并输出对应的信息。

关键代码：

```
sale = 6000
if sale < =5000:
    print("业绩太低，无提成。")
else:
```

```
    print("业绩达标，有提成。")
```

输出结果：

业绩达标，有提成。

（3）使用多分支 if 语句实现多分支结构

当条件判断有多个选择时，需要使用多分支 if 语句解决。

【语法】

```
if 表达式1:
    语句块 1
elif 表达式2:
    语句块 2
else:
    语句块 3
```

【说明】

elif 语句可以有多个，else 语句可以没有或者最多只能有一个。

多分支 if 语句的流程图如图 3.4 所示。

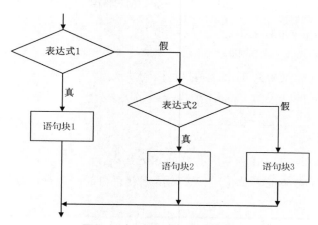

图3.4 多分支if语句的流程图

多分支 if 语句的执行步骤：

① 对表达式 1 的结果进行判断。

② 如果表达式 1 的结果为 True，则执行语句块 1；否则，判断表达式 2 的值。

③ 如果表达式 2 的结果为 True，则执行语句块 2；否则，执行语句块 3。

提示

　　不论多分支 if 语句中有多少个条件表达式，只会执行符合条件表达式后面的语句。如果没有符合条件的表达式，则执行 else 子句中的语句。

示例 3

公司根据销售人员的销售金额来制订提成方案，为了激发销售人员的积极性，销售金额越高，提成比例也越高。具体比例参见表 3-1。

表 3-1 销售提成比例表

销售金额	提成比例
小于等于 5000 元的部分	无提成
5000～10000 元的部分	提成 10%
10000～50000 元的部分	提成 20%
50000 元以上的部分	提成 30%

如果销售金额小于 5000 元，输出"无提成"；否则如果销售金额小于 10000 元，输出"最高提成 10%"；否则如果销售金额小于 50000 元，输出"最高提成 20%"；否则如果销售金额高于 50000 元，输出"最高提成 30%"。

分析：

示例 3 的条件分为 4 个等级，即：销售金额小于等于 5000 元、小于等于 10000 元、小于等于 50000 元和大于 50000 元。用销售金额从前向后分别与这 4 个条件进行判断，如果条件不成立就执行其后的判断语句，直到条件成立为止。

实现步骤：

① 为保存销售金额的变量 sale 赋值。

② 使用多分支 if 语句判断成绩值。

分为以下几种情况。

➢ 如果销售金额小于等于 5000 元，输出"无提成"。

➢ 如果销售金额小于等于 10000 元，输出"最高提成 10%"。

➢ 如果销售金额小于等于 50000 元，输出"最高提成 20%"。

➢ 如果销售金额大于 50000 元，输出"最高提成 30%"。

关键代码：

```
sale = 6000
if sale <= 5000: #判断 sale 值是否小于等于 5000
    print("无提成")
elif sale <= 10000: #判断 sale 值是否大于 5000 且小于等于 10000
    print("最高提成 10%")
elif sale <= 50000: #判断 sale 值是否大于 10000 且小于等于 50000
    print("最高提成 20%")
else: #sale 值大于 50000
    print("最高提成 30%")
```

输出结果：

最高提成 10%

2. 嵌套 if 控制语句

在 if 控制语句中又包含一个或多个 if 控制语句称为嵌套 if 控制语句。嵌套 if 控制语句可以通过外层语句和内层语句的协作，增强程序的灵活性。

【语法】

if 表达式 1:

```
      if 表达式 2:
          语句块 1
      else:
          语句块 2
  else:
      if 表达式 3:
          语句块 3
      else:
          语句块 4
```

嵌套 if 控制语句的流程图如图 3.5 所示。

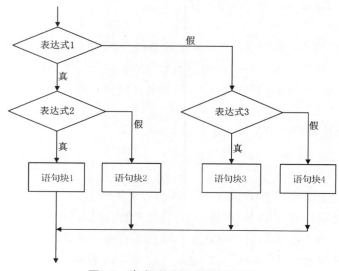

图3.5 嵌套if控制语句的流程图

嵌套 if 控制语句的执行步骤如下。

① 对表达式 1 进行判断。

② 如果表达式 1 的结果为 True，对表达式 2 进行判断。如果表达式 2 的结果为 True，则执行语句块 1；否则，执行语句块 2。

③ 如果表达式 1 的结果为 False，对表达式 3 进行判断。如果表达式 3 的结果为 True，则执行语句块 3；否则，执行语句块 4。

 思考

对照多分支 if 语句与嵌套 if 控制语句的语法，找出这两种类型语句的相同点和不同点。

示例 4

如果今天是周六或周日，就外出。如果气温在 30℃ 以上，去游泳；否则去爬山。如果今天不是周六或周日，就要工作。如果天气好，去客户单位谈业务；否则，在公司上网查资料。

分析：

➢　外层 if 控制语句用来判断星期。

➢　内层 if 控制语句用来判断气温或天气。

实现步骤：

① 使用 if 控制语句判断今天是否是周六或周日。

② 如果是周六或周日，那么进一步判断气温是否在 30℃以上。

③ 如果不是周六或周日，那么进一步判断天气是否好。

关键代码：

```
day = 6 #今天周六
temp = 31 #温度为 31℃
weather = "天气好"

if day == 6 or day == 7:
    if temp > 30:
        #去游泳
        print("游泳")
    else:
        #去爬山
        print("爬山")
else:
    if weather == "天气好":
        #去客户单位谈业务
        print("去客户单位谈业务")
    else:
        #在公司上网查资料
        print("在公司上网查资料")
```

输出结果：

游泳

　注意

Python 使用缩进来区分代码块，在嵌套 if 语句中如果发生缩进错误，就有可能发生业务逻辑上的错误。而这种错误很难从代码上直接观察出来，这就要求在写代码时必须非常严格规范地使用缩进。

3．pass 占位语句

由于 Python 使用缩进来区分代码块，所以代码中不允许有空代码块存在。但在实际开发中，好的开发习惯往往是先确定流程控制语句的结构再将代码填充到代码块中，此时就需要使用 pass 占位语句来确定控制语句结构而不致于引起集成开发环境报错。pass 语句没有任何的执行效果，仅起到占位符的作用。

pass 占位
语句使用
方法举例

3.1.4 技能实训

你准备去海南旅游，现在要订购机票。机票的价格受旺季、淡季影响，而且头等舱和经济舱的价格也不同。假设机票原价为 5000 元，4～10 月为旺季，旺季头等舱打 9 折，经济舱打 6 折；其他月份为淡季，淡季头等舱打 5 折，经济舱打 4 折。编写程序，根据出行的月份和选择的舱位输出实际的机票价格。输出结果如图 3.6 所示。

图3.6 订购机票

分析：

➢ 机票最终价格由出行月份和舱位等级共同决定。

➢ 使用 if 语句判断出行月份属于淡季还是旺季。

➢ 在判断出淡、旺季的基础上，使用 if 语句确定最终的机票折扣，并计算票价。

提示

本程序需要使用 input()函数实现。input()函数是 Python 的内置函数，实现程序与操作者交互并为变量赋值，它接收一段字符串作为参数，程序运行之后字符串将在控制台打印，这时操作者可以输入内容到控制台中，按下回车键后，input() 函数就获取了输入的内容，作为变量的值。例如运行以下代码：

```
name = input('你的名字是：')
print('操作者的名字是%s'%name)
```

输出：

```
你的名字是：    #这时程序会暂停，并等待操作者输入内容
张三    #操作者输入"张三"并回车
操作者的名字是张三
```

任务2 计算销售人员近 3 个月的平均销售金额

【任务描述】

本任务通过程序计算若干销售人员近 3 个月的平均销售金额。

【关键步骤】

（1）从键盘输入销售人员的姓名。

（2）使用循环接收一名销售人员最近 3 个月的销售金额，计算其销售金额的总和，并求出最近 3 个月的平均销售金额。

（3）使用多重循环实现接收并计算若干名销售人员近 3 个月的平均销售金额。

3.2.1 循环结构

循环结构可以帮助程序开发人员完成繁重的重复性计算任务，同时可以简化程序编

码。Python 中的循环控制语句分为 while 循环和 for 循环。

循环语句的主要作用是反复执行一段代码，直到满足一定的条件为止。在 Python 中 while 循环和 for 循环有着不同的使用场景。

1. while 循环

while 循环可以分成 3 个部分。

➢ 初始部分：设置循环的初始状态。

➢ 循环体：重复执行的代码。

➢ 循环条件：判断是否继续循环的条件，如使用"i<100"来判断循环次数是否已经达到 100 次。

【语法】

变量初始化

while 循环条件:

　　循环体

【说明】

➢ 关键字 while 后的内容是循环条件。

➢ 循环条件是一个布尔表达式，其值为布尔类型"真"或"假"。

➢ 冒号后的语句统称为循环体，又称循环操作。

 注意

　　while 循环语句在执行循环体之前会先判断循环条件，如果第一次判断结果为 False，则循环将一次也不执行。

while 循环的流程图如图 3.7 所示。

while 循环的执行步骤如下。

（1）首先对循环条件进行判断，如果结果为真，则执行循环体。

（2）执行完毕后继续对循环条件进行判断，如果结果为真，继续执行。

（3）如果结果为假，则跳过循环体，执行后面的语句。

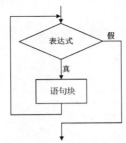

图3.7　while循环的流程图

 提示

　　图 3.7 中的"表达式"相当于循环条件，"语句块"相当于循环体。

示例 5

使用 while 循环求 1～100 中所有奇数的平均数。

实现步骤如下。

（1）首先定义变量 sum，代表总和，初始值为 0；定义变量 count，代表累加的奇数个数，初始值为 0。

（2）定义循环变量 i，依次取 1～100 中的每个数，初始值为 1。

（3）当 i<=100 时，判断 i 是否是奇数，如果是奇数则重复进行加法操作，并将 sum+i 的值赋给 sum，每次相加后将 count 的值增加 1，每次在循环中将 i 的值增加 1。

（4）当 i 的值变成 101 时，循环条件为假，则退出循环。

（5）计算 sum 和 count 的比值，求平均数，最后输出"avg=50"。

关键代码：

```
sum = 0
count = 0
i = 1
while i <= 100:
    if i % 2 != 0:
        sum += i
        count+=1
    i+=1
print("avg="+str(sum/count))
```

输出结果：

```
avg=50
```

 注意

sum+=i 表示 sum=sum+i。

不要忘记语句"i+=1"，它用来修改循环变量的值，否则会出现死循环。

2．for 循环

for 循环用来遍历数据集合或迭代器中的元素，如一个列表或一个字符串。

【语法】

for 循环变量 in 序列表达式:
　　循环体

【说明】

➢ for 循环以关键字 for 开头。

➢ 循环变量和序列表达式之间使用关键字 in 连接。

➢ 执行 for 循环时，序列表达式中的元素会依次赋值给循环变量。

➢ 在循环体中操作循环变量实现遍历序列表达式的目的。

for 循环的流程图如图 3.8 所示。

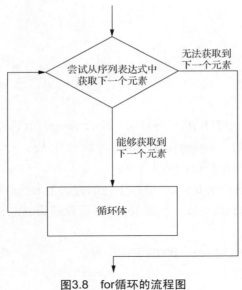

图3.8　for循环的流程图

for 循环的执行步骤如下。

（1）尝试从序列表达式中获取第一个元素。

（2）如果能获取到元素，将获取到的元素赋值给循环变量，之后执行循环体代码。

（3）然后从序列表达式中获取下一个元素。

（4）如果能获取到元素，将获取到的元素赋值给循环变量，之后执行循环体代码。

如果无法从序列表达式中获取新的元素，则终止循环，执行 for 循环后面的语句。

 注意

　　　Python 中的 for 循环只能用来遍历序列表达式中的元素，而不能设置额外的循环条件，因此设置额外的循环条件时需要使用 while 循环。

示例 6

使用 for 循环实现对字符串"welcome"的遍历，输出字符串中的每一个字符。

实现步骤如下。

（1）定义变量 str，赋值为"welcome"。

（2）定义 for 循环，设置循环变量 character，遍历 str 字符串。

（3）在循环体中打印 character 的值。

关键代码：

```
str = "welcome"
for character in str:
    print(character)
```

输出结果：

w

e

l

c

o

m

e

3. range 函数

使用 for 循环遍历一个自增的序列时需要结合 range()函数来实现，range()函数能够快速构造一个等差序列。range(start, stop)函数会生成一个左闭右开的数值区间 [start,stop)，序列中相邻两个整数的差为 1。

使用 range()函数生成一个 0～4 的整数序列的方法是 range(0,5)，当起始数值从 0 开始时，也可以使用 range(5)来生成。使用 for 循环可以遍历 range()方法生成的整数序列。

示例 7

使用 for 循环实现 1+2+3+…+100 的求和计算。

实现步骤如下。

（1）首先定义变量 sum，代表总和，初始值为 0。

（2）在 for 循环中定义循环变量 i 遍历 range(1,101)整数序列。

（3）在循环体中将 sum+i 的值赋给 sum。

（4）循环结束后，输出最终结果 5050。

关键代码：

```
sum = 0
for i in range(1,101):
        sum+=i
print(sum)
```

输出结果：

```
5050
```

在开发中根据业务场景的不同经常需要生成不同类型的等差数列以达到循环遍历的目的。range()函数可以生成升序数列或降序数列，并且可以设置等差数列的步长。例如 range(100,0,-2)生成的序列就是 100～0 并且步长为-2 的递减等差数列。

示例 8

输入一名销售人员的姓名及其近 3 个月的销售金额，输出他最近 3 个月的平均销售金额，输出结果如图 3.9 所示。

图3.9　一名销售人员近3个月的平均销售额

分析：

这里包括完成任务 2 的第一个和第二个关键步骤。示例 8 需要通过下面 3 个步骤完成。

实现步骤：

（1）从键盘输入一名销售人员的姓名。使用 input()函数获得键盘输入的一名销售人员的姓名。

（2）获得键盘输入的这名销售人员近 3 个月的销售金额。使用 input()函数获得键盘输入的销售金额。

因为是 3 个月，也就是固定了循环次数为 3，首选 for 循环。循环操作是接收该名销售人员的每月销售金额，累加获得 3 个月的总销售金额。

（3）求出平均销售金额并在控制台输出结果。利用 3 个月的总销售金额计算出这名销售人员的平均销售额。

关键代码：

```
print("输入销售姓名：")
name = input()
sum = 0
for i in range(1,4):
        print("请输入第" + str(i) + "个月的销售金额：")
        sale = int(input())
        sum+=sale
avg = sum / 3
print(name + "近 3 个月的平均销售额是：" + str(avg))
```

在示例 8 中，使用 input()函数从控制台上接收输入的销售人员姓名和销售金额。input()函数接收的数据类型是字符串类型，因此对数值类型的输入数据还需要用 int()方法将字符串类型转化成整数类型后再进行计算。

4．多重循环

多重循环是在循环语句的循环体中又出现循环语句。

【语法】

```
while  循环条件 1:
        循环语句 1
        for  循环变量  in  序列表达式 ：
                循环语句 2
```

【说明】

这是 while 和 for 循环嵌套的例子。其中 while 循环称为外层循环，for 循环称为内层循环，因为是两层嵌套，所以称为二重循环。

该循环的执行过程是，外层 while 循环每循环一次，内层 for 循环从头到尾完整地执行一遍。

示例 9

输入若干名销售人员的姓名及其近 3 个月的销售金额，输出他们最近 3 个月销售金额的平均值，运行效果如图 3.10 所示。

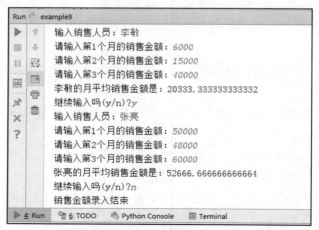

图3.10　计算若干名销售人员近3个月的平均销售金额

分析：

这里包括完成任务 2 的第三个关键步骤。想要实现计算若干名销售人员近 3 个月销售金额的平均值任务，首先需要完成以下两个关键步骤。

（1）循环接收一名销售人员近 3 个月的销售金额，求出其平均值并显示。之前的示例已经完成。

（2）使用多重循环接收并计算若干名销售人员近 3 个月销售金额的平均值。

因为至少要接收一名销售人员近 3 个月的销售金额并计算平均值，所以，在完成示例 8 的基础上，添加 while 外层循环。循环条件是根据用户对程序的"继续输入吗"提示输入的字符来确定是否继续下一轮循环，循环操作是初始化保存每名销售人员销售金额的变量、接收销售人员的姓名、使用 for 循环语句接收该名销售最近 3 个月的销售金额，计算平均销售金额。

关键代码：

```
end = 'y'
while end == 'y' or end == 'Y':
    print("输入销售人员：",end="")
    name = input()    #录入销售人员姓名
    sum = 0
    for i in range(1,4):
        print("请输入第" + str(i) + "个月的销售金额：",end="")
        score = input() #录入销售金额
        sum += int(score)    #计算销售金额总和
    avg = sum / 3    #计算平均销售金额
    print(name + "的月平均销售金额是：" + str(avg))
    print("继续输入吗(y/n)?",end="")
    end = input()    #录入标志位
print("销售金额录入结束")
```

示例 9 中，外循环每循环一次处理一名销售人员，内循环则计算一名销售人员近 3 个月的平均销售金额，也就是说，外循环每执行一次，内循环将执行 3 次。

print()函数
详解

在显示提示信息时，print()函数除了输出显示的字符串以外还设置了 end=""，这是设置 print()函数输出字符串后不自动换行，在后面介绍 Python 函数的章节中将会具体介绍。

3.2.2　循环跳转语句

在实际开发中，经常会遇到改变循环流程的需求。也就是说，循环语句并不一定按照循环条件完成所有内容的遍历。为了达到这种效果就需要用到跳转语句。在 Python 中支持两种跳转语句：break 语句和 continue 语句。使用跳转语句，可以把控制转移到循环甚至程序的其他部分。

1. break 语句

break 语句在循环中的作用是终止当前循环。

示例 10

输出数字 1～10，若遇到 3 的倍数（不包括 3）程序自动退出。

关键代码：

```
for i in range(1,11):
    if i%3 == 0 and i != 3:
        break
    print(i,end=" ")
print("循环结束")
```

分析：

➢　示例 10 的 for 循环中如果 i％3 == 0 且 i != 3，则执行 break 命令。

输出结果：

1 2 3 4 5 循环结束

break 语句的作用是终止当前循环的执行，然后执行循环后面的语句。break 语句只对当前循环有效。在多重循环的内循环中使用 break 语句，只会终止内层循环语句的执行，不会终止外层循环语句的执行。

示例 11

用户输入字符串并显示，直到输入"bye"为止，要求使用 break 语句实现。

实现步骤如下。

（1）使用 while 循环和 input()函数获得字符串。

（2）判断字符串与"bye"是否相等，如果不相等，继续循环。

（3）如果相等，break 语句生效，退出循环。

关键代码：

```
while True:
    str = input("请输入字符串：")
```

```
        print("您输入的字符串是："+str)
        if str == 'bye':
            break
print("输入结束")
```

示例 11 中，没有使用 print() 函数打印输出前的提示语，而是把提示语放到了 input() 函数中。这是将提示语字符串作为参数传给了 input() 函数，在后面介绍 Python 函数的章节中将会具体介绍。

 注意

> break 语句只能使用在 while 循环或 for 循环中。

2．continue 语句

continue 语句的作用是强制一个循环提前返回，也就是让循环跳过本次循环剩余代码，然后开始下一次循环。

示例 12

输出 1～10 中非 4 的倍数的数字。

关键代码：

```
for i in range(1,10):
    if i % 4 == 0:
        continue
    print(i, end=" ")
print("循环结束")
```

执行该程序，将输出"1 2 3 5 6 7 9 循环结束"，结果中没有输出 4 和 8。当 i=4、i=8 时，满足 4 的倍数的条件，执行 continue，并没有终止整个循环，而是终止本次循环，不再执行循环体中 continue 后面的输出语句。

示例 13

输出 1～100 中所有能够被 6 整除的数字。

实现步骤如下。

（1）使用 for 循环，循环变量取 1～100 中的数字。

（2）if 语句利用"%"判断循环变量是否能够被 6 整除。

（3）如果不能够整除，利用 continue 终止本轮循环，不输出这个数字。

关键代码：

```
for i in range(1,101):
    #判断 i 是否能被 6 整除
    if i % 6 != 0:
        continue
    print(i)
```

输出结果：

6

12
18
24
30
36
42
48
54
60
66
72
78
84
90
96

 注意

continue 语句只能使用在 while 循环或 for 循环中。

3.2.3　技能实训

输入一批整数，输出其中的最大值和最小值，输入数字 0 结束。输出结果如图 3.11 所示。

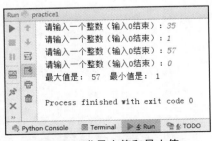

图3.11　求最大值和最小值

分析：

➢　初始化最大值、最小值变量为 0，因为 0 是循环结束标志，不会被用来赋值。

➢　使用循环接收输入的数字，循环结束的条件是输入数字为 0。

➢　接收输入的数字后，判断最大值、最小值变量是否为 0，等于 0 说明是接收的第 1 个数字，应将输入的值直接赋值给最大值、最小值变量。

➢　如果最大值、最小值变量不等于 0，则比较输入的数字与最大值、最小值的大小。大于最大值，则将输入的数字赋值给最大值变量；小于最小值，则将输入的数字赋值给最小值变量。

本章总结

➢ 程序流程控制结构包括顺序结构、选择结构和循环结构，由这 3 种基本流程控制结构组成的算法可以解决任何复杂的问题。

➢ 顺序结构是指程序从上向下依次执行每条语句的结构，中间没有任何判断和跳转。

➢ 选择结构是根据条件判断的结果来选择执行不同的代码。在 Python 中使用 if 控制语句来实现选择结构。

➢ 循环结构是指根据条件来重复地执行某段代码或遍历数据集合/迭代器中的元素。在 Python 中提供了 while 语句、for 语句来实现循环结构。for 循环结合 range()函数可以用于遍历一个自增的序列。

➢ break 语句和 continue 语句用来实现循环结构的跳转。

本章作业

1. 简答题

（1）流程控制语句有几种？简述你对每种流程控制语句的理解。

（2）写出嵌套 if 控制语句的语法和流程图。

2. 编码题

（1）从键盘输入一位整数，输入数字 1～7 时，显示对应的英文星期名称的缩写。1 表示 MON，2 表示 TUE，3 表示 WED，4 表示 THU，5 表示 FRI，6 表示 SAT，7 表示 SUN；输入其他数字时，则提示用户重新输入，输入数字 0 时程序结束。输出结果如图 3.12 所示。

图3.12　显示英文星期名称的缩写

（2）从控制台输入一个整数 n，打印斐波那契数列的前 n 项。斐波那契数列的特点：从第三个数开始，每个数的值为其前两个数之和。输出结果如图 3.13 所示。

（3）输入一个整数，将整数中的数字反转，并在控制台上输出。输出结果如图 3.14 所示。

图3.13　斐波那契数列

图3.14　整数反转

第 4 章

常用数据结构

本章资源下载

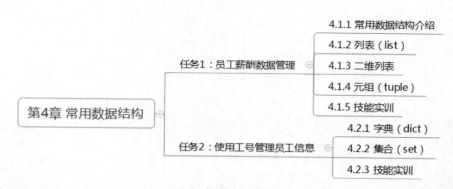

在编程中不但要处理单个数据，还要处理多个数据。不同场景下对数据的保存方式和处理方式有不同的需求，Python 提供了多种数据结构来解决不同问题。本章将介绍列表、元组、字典、集合 4 种常用的数据结构。

任务 1 员工薪酬数据管理

【任务描述】

本任务实现保存员工月薪数据，查询和修改员工月薪数据的功能。

【关键步骤】

（1）构造列表保存员工的月薪数据。

（2）输出指定位置的员工的月薪数据。

（3）遍历列表中的数据，输出每个员工的月薪数据。

（4）将所有月薪小于 5000 元的员工的月薪修改为 5000 元。

4.1.1 常用数据结构

编程中，对于单个数据可以使用变量进行保存和操作，但在某些业务场景下还需要处理由多个数据组成的数据集。在 Python 中可以使用列表（list）、元组（tuple）、字典（dict）和集合（set）4 种数据结构来处理多个数据。

这 4 种数据结构的特点和适用场景分别介绍如下。

➢ 列表（list）。列表是最常用的 Python 数据结构，数据在列表中是有序的，可以通过索引访问列表中的数据。列表中的数据可以修改。

➢ 元组（tuple）。元组与列表一样，保存在其中的数据也是有序的，可以通过索引访问元组中的数据。元组内的数据不能修改。

➢ 字典（dict）。字典中的数据以键值对的形式保存，字典中的键是不重复的、唯一的，通过键能够快速地获得对应的值。字典中的数据是无序的。

➢ 集合（set）。集合中的数据是不重复的、无序的。

4.1.2 列表（list）

1. 列表

列表是用来存储多个数据的数据结构。它具有如下特点。

➢ 列表中的数据是有序的，每个数据都会分配一个数字来标识这个数据在列表中的位置，称为索引。列表中第 1 个元素的索引是 0，第 2 个元素的索引是 1，其他元素的索引值以此类推，是一个升序整数数列。

➢ 列表的大小和列表中的元素都是可变的。

➢ 列表中可以存储不同数据类型的数据。

2. 使用列表存取数据

（1）创建列表

【语法】

变量 = [数据 1, 数据 2,…]

示例 1

表 4-1 所示为某公司部分员工的信息，使用列表保存这些员工的月薪数据，并输出到控制台。

表 4-1 员工信息

工号	姓名	月薪（元）
a1	王保华	10000
a2	李伟新	5200
a3	张强	4700
a4	张明	3860
a5	陈鑫	1200
a6	李牧	8500

实现步骤如下。

① 创建一个列表并将员工的月薪数据保存到列表中。

② 使用 print()函数将列表打印到控制台上。

关键代码：

salary = [10000,5200,4700,3860,1200,8500]

print(salary)

输出结果：

[10000, 5200, 4700, 3860, 1200, 8500]

（2）使用索引访问列表数据

列表中的数据是有序的，每个数据都有一个整数索引。列表索引有两种表现形式。

➢ 正向索引：列表中第一个数据的索引值为 0，最后一个数据的索引值为列表长度减 1。

> ➢ 反向索引：最后一个数据的索引值为-1，第一个数据的索引值为负的列表长度。

也就是说，列表中的每个元素同时具有两个索引：一个正数索引，一个负数索引，无论哪种索引都能够正确地访问到该元素。

【语法】

变量 = 列表[索引]

示例 2

在示例 1 的基础上，通过索引显示第 3 个员工和倒数第 2 个员工的月薪。

分析：

第 3 个员工的月薪数据是列表中的第 3 个元素，因为正向索引从 0 开始计算，所以它的索引值为 2；倒数第 2 个员工的月薪数据是列表中的倒数第 2 个元素，反向索引的索引值从-1 开始计算，所以它的索引值为-2。

关键代码：

```
salary = [10000,5200,4700,3860,1200,8500]
print("列表中第 3 个员工的月薪是%d" % (salary[2]))
print("列表中倒数第 2 个员工的月薪是%d" % (salary[-2]))
```

输出结果：

列表中第 3 个员工的月薪是 4700

列表中倒数第 2 个员工的月薪是 1200

（3）更新列表中的值

列表允许对其中的数据进行添加、删除、修改等操作，更新列表中数据的常用方法如表 4-2 所示。

表 4-2　列表常用方法

方法名	功能
append(obj)	在列表末尾添加新的数据 obj
insert(index,obj)	在列表中索引为 index 的位置插入新的数据 obj，插入位置之后的数据索引全部自增 1
pop(index = -1)	移除列表中的一个元素（默认是最后一个元素），并且返回该元素的值
list[index] = obj	将 obj 赋值给列表中索引为 index 的元素
del list[index]	删除列表中索引为 index 的元素，删除位置之后的数据索引全部自减 1

示例 3

在示例 1 的基础上，对保存员工月薪数据的列表进行以下操作，并输出更新后的列表。

> ➢ 公司新招了一名员工，月薪为 3000 元，将此数据加入到列表末尾。
> ➢ 公司新招了一名员工，月薪为 4500 元，将此数据插入到列表中索引为 2 的位置。
> ➢ 移除列表中最后一个数据，并显示被移除的数据的值。
> ➢ 将列表中的第 2 个数据的值增加 100。
> ➢ 删除列表中第 5 个数据。

分析：

① 在列表末尾添加数据使用 append()。

② 在列表中的指定位置添加数据使用 insert()。

③ 移除列表中的数据并获得该数据的值使用 pop()。

④ 使用[]可以修改指定索引位置的数据，第 2 个数据的索引值为 1。

⑤ 使用 del 可以删除指定索引位置的数据，第 5 个数据的索引值为 4。

关键代码：

```
salary = [10000,5200,4700,3860,1200,8500]
salary.append(3000) #在列表末尾添加新数据 3000
print("在末尾添加新数据后的列表:")
print(salary)
salary.insert(2,4500) #在列表中索引为 2 的位置添加新数据 4500
print("在列表中索引为 2 的位置添加新数据后的列表：")
print(salary)
data = salary.pop() #移除列表中最后一个数据，并显示移除数据的值
print("移除的数据的值：%d"%(data))
print("移除最后一个值后的列表：")
print(salary)
salary[1] = salary[1] + 100 #将列表中第 2 个数据的值增加 100
print("将第 2 个数据的值增加 100 后的列表：")
print(salary)
del salary[4] #删除列表中的第 5 个数据
print("删除第 5 个数据后的列表：")
print(salary)
```

输出结果：

```
在末尾添加新数据后的列表:
[10000, 5200, 4700, 3860, 1200, 8500, 3000]
在列表中索引为 2 的位置添加新数据后的列表：
[10000, 5200, 4500, 4700, 3860, 1200, 8500, 3000]
移除的数据的值：3000
移除最后一个值后的列表：
[10000, 5200, 4500, 4700, 3860, 1200, 8500]
将第 2 个数据的值增加 100 后的列表：
[10000, 5300, 4500, 4700, 3860, 1200, 8500]
删除第 5 个数据后的列表：
[10000, 5300, 4500, 4700, 1200, 8500]
```

列表还可以用于实现其他数据结构，比如栈。读者可以扫描二维码了解使用列表实现栈结构的方法。

（4）遍历列表

前面的示例直接使用列表索引查看列表中的数据或直接使用 print()输出整个列表中的数据。在开发中经常需要遍历列表中的数据，此时可以使用 for 循环实现。

使用列表
实现栈
结构

示例 4

在示例 1 的基础上，按照列表元素的顺序遍历输出所有员工的月薪。

分析：

利用 for 循环遍历列表中的数据。

关键代码：

```
salary = [10000,5200,4700,3860,1200,8500]
for item in salary:
        print("员工的月薪是%d"%(item))
```

输出结果：

员工的月薪是 10000
员工的月薪是 5200
员工的月薪是 4700
员工的月薪是 3860
员工的月薪是 1200
员工的月薪是 8500

示例 4 使用 for 循环遍历列表中的数据，这种遍历方式无法在循环中修改列表中的值，也无法获得当前遍历的数据在列表中的索引值。

如果要在遍历列表的过程中修改列表中的元素或获取当前元素在列表中的索引值，可以先使用 len()获取列表长度，再使用 range()生成遍历列表的索引数列，最后在 for 循环中通过索引访问或修改列表中的元素。

示例 5

在示例 1 的基础上，将所有月薪小于 5000 元的员工月薪修改为 5000 元，并输出其索引值。

分析：

① 在遍历列表时使用 for 循环。

② 在遍历过程中修改列表数据的值，需要借助 len()和 range()生成遍历索引的数列。

③ 在遍历过程中判断员工月薪是否小于 5000 元。若小于 5000 元，则修改其月薪为 5000 元并输出其索引值。

关键代码：

```
salary = [10000,5200,4700,3860,1200,8500]
for index in range(len(salary)):
        if salary[index] < 5000:
                salary[index] = 5000
                print("索引为%d 的员工月薪小于 5000"%(index))
print("修改后的列表：")
print(salary)
```

输出结果：

索引为 2 的员工月薪小于 5000
索引为 3 的员工月薪小于 5000

索引为 4 的员工月薪小于 5000

修改后的列表：

[10000, 5200, 5000, 5000, 5000, 8500]

在实际开发中可根据业务场景来选择使用哪种方式遍历列表中的数据，这两种遍历方式之间没有优劣之分，都是非常常用的遍历列表的方式。

列表还支持丰富的方法来操作其中的数据，读者可以通过扫描二维码进一步了解。

列表的
使用方法

4.1.3 二维列表

列表中的元素还可以是另一个列表，这种列表称为多维列表。只有一层嵌套的多维列表称为二维列表。在实际应用中，三维及以上的多维列表很少使用，主要使用的是二维列表。下面以二维列表为例进行讲解。

【语法】

变量 = [[元素 1,元素 2…], [元素 1,元素 2…], …]

示例 6

使用列表保存表 4-1 中所有员工的工号、姓名和月薪信息，使用 for 循环遍历输出所有的员工信息。

分析：

① 员工数据包括工号、姓名和月薪，有的是字符串类型，有的是数值类型。因为列表中的元素类型可以是不相同的，所以可使用列表来保存一个员工的数据。

② 将员工数据列表作为另一个列表的元素，构造二维列表。

③ 使用嵌套 for 循环遍历二维列表中的数据值。

关键代码：

```
employee_infos = [["a1", "王保华", 10000],
                  ["a2", "李伟新", 5200],
                  ["a3", "张强", 4700],
                  ["a4", "张明", 3860],
                  ["a5", "陈鑫", 1200],
                  ["a6", "李牧", 8500]]
for employee_info in employee_infos:
    for item in employee_info:
        print(item, end=' ')
    print()
```

输出结果：

a1 王保华 10000

a2 李伟新 5200

a3 张强 4700

a4 张明 3860

a5 陈鑫 1200

a6 李牧 8500

4.1.4 元组（tuple）

1. 元组

列表内的元素是可以修改的，列表的长度也是可以改变的。在某些编程场景下，希望从代码层面保证数据结构中的数据不可以被修改。对于这样的场景，可以使用元组（tuple）来达到禁止修改数据的目的。

元组具有以下特点。

➢ 元组中存储的数据是有序的，每个元素都可以使用索引进行访问，索引规则与列表一致。

➢ 元组的大小和元组中的元素都是只读的、不可变的。

➢ 元组中可以存储不同数据类型的数据。

2. 创建元组

【语法】

变量 = (数据 1，数据 2,…)

示例 7

使用元组保存表 4-1 中的员工月薪数据，将元组中第 3 个数据修改为 6200 元并在控制台输出。

关键代码：

```
salary = (10000,5200,4700,3860,1200,8500)
salary[2] = 6200
print(salary)
```

输出结果：

```
TypeError: 'tuple' object does not support item assignment
```

控制台输出了 TypeError 的提示信息，表示代码在运行时出现了错误，错误的原因是在代码中尝试修改元组中的元素，但是元组中的数据是不允许修改的。对控制台输出的 TypeError 提示信息，在后面章节中会有更详细的讲解。

如果在开发中需要对元组中的数据进行修改，可以先将元组转化成一个列表，然后修改列表中的数据。将元组转化成列表使用 list()，将列表转化成元组使用 tuple()，调用方法与之前学过的数据类型转换方法一致。

4.1.5 技能实训

实训 1

在控制台输出一个 8 层的杨辉三角，杨辉三角的特点如下：

➢ 每个数等于其上方两数之和；

➢ 每层数字左右对称，由 1 开始逐渐变大；

➢ 第 n 层有 n 个数字。

输出效果如图 4.1 所示。

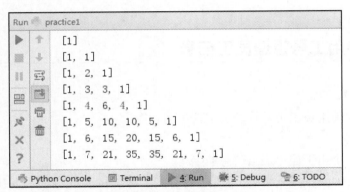

图4.1　杨辉三角

分析：

➤ 每一层的数列可以用一个列表来保存。

➤ 第 1 层上方无数字，故第 1 层的数字无法通过计算获得。

➤ 从第 2 层开始，索引为 n 位置的值，是其上一层索引为 n-1 位置和索引为 n 位置上数值之和（其中 n !=0 且 n != 层数-1）。

➤ 当 n =0 或 n = 层数-1 时，该索引上的值为 1。

实训 2

从控制台随机输入 6 个整数，使用冒泡排序算法将所有输入的整数按照从小到大的顺序排序后输出。运行效果如图 4.2 所示。

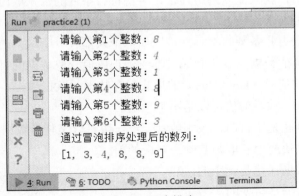

图4.2　冒泡排序

分析：

➤ 使用 input()接收控制台输入。

➤ 将输入的数据由字符串转换成整数，然后将输入的整数保存到一个列表中。

➤ 接收完所有的数字之后使用冒泡排序算法实现数列排序。

➤ 冒泡排序算法通过二重循环不断比较相邻两个元素的大小，如果前面的数字比后面的数字大，就把它们交换位置，直到没有再需要交换的元素时，数列就完成排序了。

任务 2 使用工号管理员工信息

【任务描述】

本任务实现使用员工工号管理员工信息的功能。

【关键步骤】

（1）创建一个用于保存员工信息的字典。

（2）以 key:value 的模式将员工的信息保存到字典当中，其中 key 是员工的工号，value 是此员工的员工信息。

（3）通过工号获得员工的信息并显示在控制台上。

（4）遍历输出所有员工的员工信息。

（5）通过工号获得员工的信息，完成修改、删除等操作。

4.2.1　字典（dict）

1. 字典介绍

我们已经学习了列表和元组两种数据结构，它们都可以用来存储数据，是开发中经常用到的数据结构。但是当列表中存储了很多数据之后，从列表中获取指定数据就变成一件耗时较长的操作。如果获取数据前就知道数据的索引，将可以直接使用索引获取数据。如果不知道索引，就只能先遍历列表，再将符合条件的数据取出。这样做的效率非常低，无法满足业务需求。

如果要保存的数据具备某些唯一性，比如每个人都有一个唯一的身份证号，就可以使用字典来保存这样的数据，以达到通过唯一标识快速获取数据的目的。

字典是一种以键值对（key:value）的形式保存数据的数据结构。它具有以下特点。

➢ 键必须是唯一的，但值可以是不唯一的。

➢ 键的类型只能是字符串、数字或者元组，值可以是任意数据类型。

➢ 通过键可以快速地获取与其唯一对应的值。

➢ 字典中的数据保存是无序的。

➢ 字典中的数据是可变的。

2. 使用字典存取数据

（1）创建字典

【语法】

变量 = {键 1:值 1,键 2:值 2,...}

示例 8

使用字典保存表 4-1 中的员工数据，其中员工工号作为字典的键，姓名和月薪组成的列表作为字典的值。

关键代码：

employee_infos = {"a1":["王保华", 10000],

```
                          "a2":["李伟新", 5200],
                          "a3":["张强", 4700],
                          "a4":["张明", 3860],
                          "a5":["陈鑫", 1200],
                          "a6":["李牧", 8500]}
    print(employee_infos)
```

输出结果：

{'a1': ['王保华', 10000], 'a2': ['李伟新', 5200], 'a3': ['张强', 4700], 'a4': ['张明', 3860], 'a5': ['陈鑫', 1200], 'a6': ['李牧', 8500]}

（2）访问字典数据

字典中的数据是通过键来访问的。

【语法】

变量 = 字典[键]

示例 9

在示例 8 的基础上，从字典中获取员工工号为"a4"的员工信息。

关键代码：

```
employee_infos = {"a1":["王保华", 10000],
                          "a2":["李伟新", 5200],
                          "a3":["张强", 4700],
                          "a4":["张明", 3860],
                          "a5":["陈鑫", 1200],
                          "a6":["李牧", 8500]}
employee_info = employee_infos["a4"]
print("工号为 a4 的员工信息：")
print(employee_info)
```

输出结果：

工号为 a4 的员工信息：

['张明', 3860]

从字典中获取数据时，如果键存在，会从字典中获取到键对应的值；如果键不存在，从字典中取值就会发生错误。为了避免出现这样的错误，可以先使用 in 关键字判断键是否存在于字典当中，如果存在，再从字典中取值。

示例 10

在示例 8 的基础上，判断是否有工号为"a9"的员工，如果存在，则输出该员工的信息；如果不存在，则输出"工号不存在"。

关键代码：

```
employee_infos = {"a1":["王保华", 10000],
                          "a2":["李伟新", 5200],
                          "a3":["张强", 4700],
                          "a4":["张明", 3860],
                          "a5":["陈鑫", 1200],
                          "a6":["李牧", 8500]}
```

```
employee_num = "a9"
if employee_num in employee_infos:
        employee_info = employee_infos[employee_num]
        print("工号为%s 的员工信息: "%(employee_num))
        print(employee_info)
else:
        print("工号不存在")
```

输出结果:

工号不存在

在开发过程中,常常遇到需要遍历字典的情况。这时,可以使用 for 循环遍历字典。首先使用 for 循环遍历字典的键,然后在循环代码块中通过键将对应的值取出,以达到遍历值的目的。

示例 11

在示例 8 的基础上,遍历字典中所有员工信息并输出到控制台上。

分析:

➢ 使用 for 循环遍历字典,获得所有员工的工号。

➢ 在循环代码块中,通过员工工号获取员工信息,从而达到遍历员工信息的目的。

➢ 在控制台输出员工工号及对应的员工信息。

关键代码:

```
employee_infos = {"a1":["王保华", 10000],
                      "a2":["李伟新", 5200],
                      "a3":["张强", 4700],
                      "a4":["张明", 3860],
                      "a5":["陈鑫", 1200],
                      "a6":["李牧", 8500]}
for employee_num in employee_infos:
        employee_info = employee_infos[employee_num]
        print("工号为%s 的员工信息: "%(employee_num))
        print(employee_info)
```

输出结果:

工号为 a1 的员工信息:

['王保华', 10000]

工号为 a2 的员工信息:

['李伟新', 5200]

工号为 a3 的员工信息:

['张强', 4700]

工号为 a4 的员工信息:

['张明', 3860]

工号为 a5 的员工信息:

['陈鑫', 1200]

工号为 a6 的员工信息:

['李牧', 8500]

（3）更新字典中的数据

向字典中添加数据和修改数据的语法相同。

【语法】

字典[键] = 值

如果键不存在于字典中，就向字典中添加新的键和值，如果键已经存在于字典中，就将新值赋给键对应的值。

示例 12

在示例 8 的基础上，对员工信息进行以下修改：

➢　向字典中添加一个新的员工数据：工号是 a7，姓名是李梅，月薪是 9000。

➢　将工号为 a4 的员工的月薪修改为 4900。

➢　在控制台输出修改后的员工信息。

关键代码：

```
employee_infos = {"a1":["王保华", 10000],
                  "a2":["李伟新", 5200],
                  "a3":["张强", 4700],
                  "a4":["张明", 3860],
                  "a5":["陈鑫", 1200],
                  "a6":["李牧", 8500]}
employee_infos["a7"] = ["李梅",9000]
employee_info = employee_infos["a4"]
employee_info[1] = 4900
employee_infos["a4"] = employee_info
print(employee_infos)
```

输出结果：

{'a1': ['王保华', 10000], 'a2': ['李伟新', 5200], 'a3': ['张强', 4700], 'a4': ['张明', 4900], 'a5': ['陈鑫', 1200], 'a6': ['李牧', 8500], 'a7': ['李梅', 9000]}

（4）删除字典中的数据

字典中的数据也可以删除，删除字典中的值是通过键来完成的。

【语法】

del 字典[键]

示例 13

在示例 8 的基础上，删除工号为"a4"的员工信息，将修改后字典中保存的员工信息输出到控制台上。

关键代码：

```
employee_infos = {"a1":["王保华", 10000],
                  "a2":["李伟新", 5200],
                  "a3":["张强", 4700],
                  "a4":["张明", 3860],
                  "a5":["陈鑫", 1200],
```

"a6":["李牧", 8500]}

del employee_infos["a4"]

print(employee_infos)

输出结果：

{'a1': ['王保华', 10000], 'a2': ['李伟新', 5200], 'a3': ['张强', 4700], 'a5': ['陈鑫', 1200], 'a6': ['李牧', 8500]}

 注意

> 字典虽然具备快速查找的特性，但是使用字典保存数据的条件是：数据存在一个唯一的标识能够用来作为字典的键。而且字典中的数据是无序的，在遍历字典时无法保证数据的输出顺序。在既需要保存的数据有序，又需要快速获取数据的信息时，可以将列表与字典搭配起来使用。

4.2.2 集合（set）

1. 集合

集合是用来存储多个数据的数据结构，它与列表很像，但与列表的使用场景和具备的特性有很大区别。它具有以下的特点。

➢ 集合中保存的数据是唯一的，不重复的。向集合中添加重复数据后，集合只会保留一个。

➢ 集合中保存的数据是无序的。

2. 使用集合存取数据

（1）创建集合

创建集合的情况分为两种。

① 创建一个空集合

【语法】

变量=set()

② 创建一个非空集合

【语法】

变量={元素 1,元素 2,...}

示例 14

某连锁餐饮公司两家分店当日销售菜品的部分清单，如表 4-3 所示。

表 4-3　连锁餐饮公司日销售菜品流水

a 分店	鱼香肉丝、米饭、鱼香肉丝、水煮牛肉、米饭、葱爆羊肉、蛋炒饭
b 分店	鱼香肉丝、米粉肉、米饭、烤鸭、水煮牛肉、米饭、蛋炒饭

创建一个非空集合用来统计 a 分店当日销售的菜品种类，并在控制台输出集合中的数据。

关键代码：

#使用{}创建非空集合

branch_a = {"鱼香肉丝","米饭","鱼香肉丝","水煮牛肉","米饭","葱爆羊肉","蛋炒饭"}

print("a 店当日销售的菜品种类：")

print(branch_a)

输出结果：

a 店当日销售的菜品种类：

{'水煮牛肉', '蛋炒饭', '米饭', '葱爆羊肉', '鱼香肉丝'}

从输出结果可以看出，在集合 branch_a 中重复添加的"鱼香肉丝"和"米饭"两种菜品在集合中均只出现了一次，显示了集合的去重功能。

（2）使用集合结构

可以向一个已经存在的集合中添加或删除元素，添加元素使用 add()，删除元素使用 remove()。

示例 15

根据表 4-3 创建一个集合用来统计 b 分店当日销售的菜品种类，并在控制台输出集合中的数据。要求先创建一个空集合，然后使用 add()向集合中添加数据。

关键代码：

#创建空集合，向集合中添加菜品名称

branch_b = set()

#使用 add()向集合中添加数据

branch_b.add("鱼香肉丝")

branch_b.add("米饭")

branch_b.add("米粉肉")

branch_b.add("米饭")

branch_b.add("烤鸭")

branch_b.add("水煮牛肉")

branch_b.add("蛋炒饭")

print("b 店当日销售的菜品种类：")

print(branch_b)

输出结果：

b 店当日销售的菜品种类：

{'鱼香肉丝', '米粉肉', '米饭', '水煮牛肉', '烤鸭', '蛋炒饭'}

在开发中，集合常常用于统计不重复的数据项或用于数据过滤。

在统计不重复的数据项时，需要输出集合中的所有元素。因为集合中的元素是无序的，所以不能通过索引来访问集合中的数据，也不能像字典那样使用键来访问集合中的数据，这时可以通过 for 循环来遍历并获取集合中的元素。

在数据过滤的使用场景里，需要判断一个数据是否已经存在于集合中。此时可以使用 in 关键字来判断集合中是否存在某个元素。如果指定的元素存在于集合中，返回 True；如果不存在，则返回 False。

示例 16

在示例 14 的基础上遍历输出 a 分店当日销售的菜品种类, 并判断 a 分店是否卖过米粉肉, 将结果在控制台输出。

关键代码:

```
branch_a = {"鱼香肉丝","米饭","鱼香肉丝","水煮牛肉","米饭","葱爆羊肉","蛋炒饭"}
print("今天 a 分店销售的菜品种类是: ")
for species in branch_a:
    print(species, end=" ")
print()
if "米粉肉" in branch_a:
    print("今天 a 分店卖过米粉肉")
else:
    print("今天 a 分店没有卖过米粉肉")
```

输出结果:

```
今天 a 分店销售的菜品种类是:
鱼香肉丝 水煮牛肉 葱爆羊肉 蛋炒饭 米饭
今天 a 分店没有卖过米粉肉
```

(3) 集合运算

Python 中的集合与数学上的集合一样, 也可以计算两个集合的交集和并集。使用的集合运算符如表 4-4 所示。

表 4-4 集合运算

运算符	功能
|	计算两个集合的并集
&	计算两个集合的交集

示例 17

在示例 14 和示例 15 的基础上, 按照以下要求在控制台输出显示:

➢ 两家分店当日都有销售量的菜名名称。

➢ 两家分店当日有销售量的所有菜品名称。

关键代码:

```
branch_a = {"鱼香肉丝","米饭","鱼香肉丝","水煮牛肉","米饭","葱爆羊肉","蛋炒饭"}
branch_b = {"鱼香肉丝","米粉肉","米饭","烤鸭","水煮牛肉","米饭","蛋炒饭"}
#两家店当日都有销量的菜品名称(取交集)
print("两家店当日都有销量的菜品名称:")
print(branch_a & branch_b)
#两家店当日有销量的所有菜品名称(取并集)
print("两家店当日有销量的所有菜品名称:")
print(branch_a | branch_b)
```

输出结果:

```
两家店当日都有销量的菜品名称:
{'水煮牛肉', '蛋炒饭', '鱼香肉丝', '米饭'}
```

两家店当日有销量的所有菜品名称：
{'鱼香肉丝', '米饭', '烤鸭', '蛋炒饭', '葱爆羊肉', '水煮牛肉', '米粉肉'}

4.2.3　技能实训

统计《诗经 桃夭》中使用的汉字和标点，并在控制台输出每个汉字和标点使用的次数，输出结果如图 4.3 所示。

图4.3　字数统计

分析：

➢　使用字符串保存《桃夭》全文。

➢　遍历字符串中所有的汉字和标点。

➢　在遍历过程中统计使用到了哪些汉字和标点。

➢　在遍历过程中统计使用到的汉字和标点的个数。

➢　使用字典结构统计汉字和标点个数。

➢　判断新字符是否存在于字典中，如果不存在，则添加新字符到字典中并将 value 赋值为 1；如果已存在，则将 value 数加 1。

➢　使用 for 循环遍历输出汉字、标点的个数。

本章总结

➢　列表用于保存有序的数据，可以修改、删除列表中的数据。

➢　元组也用于保存有序数据，但是元组在创建之后就不能再修改了。

➢　字典以键值对模式保存数据，通过字典的键可以快速地从字典中获得其对应的值。在字典中保存的数据是无序的。

➢　集合中的元素具有唯一性，常被用于过滤或统计数据使用，保存在集合中的数据是无序的。

➢　列表、元组、字典和集合都可以使用 for 循环来遍历其中的数据。

本章作业

1. 简答题

（1）简述列表（list）结构的特点。

（2）简述字典（dict）结构的特点。

2. 编码题

（1）使用二维列表保存学生信息，如表 4-5 所示。

表 4-5　学生信息

姓名	年龄	性别	年级	班级	成绩
李敏	15	男	7	2	3.4
赵四	16	男	8	1	4.0
李艳	15	女	8	1	3.3
张晓	17	女	8	3	4.2

➢ 　将李敏和赵四的信息在创建阶段就加入到列表中。

➢ 　将李艳的信息加入到列表中，放到列表的末尾。

➢ 　将张晓的信息加入到列表中索引为 0 的位置上。

将列表中的学生信息输出到控制台上，格式如图 4.4 所示。

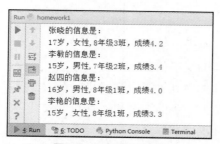

图4.4　显示学生信息

（2）使用表 4-5 中的学生信息构造二维列表，然后对二维列表中的学生信息进行排序，排序后要求学生成绩按照从小到大的顺序排列，最后将排序后的学生信息输出到控制台上，如图 4.5 所示。

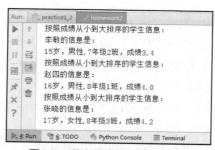

图4.5　学生信息按照成绩排序

（3）统计英文儿歌《twinkle twinkle little star》中使用到的单词及其出现的次数。要求忽略单词大小写的影响，不统计标点符号的个数。在控制台上输出的结果如图 4.6 所示。

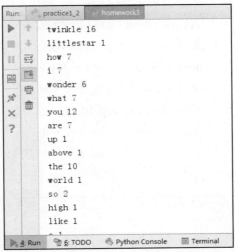

图4.6　英文儿歌单词数统计

Twinkle, twinkle, little star,

How I wonder what you are!

Up above the world so high,

Like a diamond in the sky.

Twinkle, twinkle, little star,

How I wonder what you are!

When the blazing sun is gone,

When he nothing shines upon,

Then you show your little light,

Twinkle, twinkle, all the night.

Twinkle, twinkle, little star,

How I wonder what you are!

Then the travler in the dark

Thanks you for your tiny spark;

How could he see where to go,

If you did not twinkle so?

Twinkle, twinkle, little star,

How I wonder what you are!

In the dark blue sky you keep, and

Through my curtains often peep,

For you never shut your eyes,

Till the morning sun does rise.

Twinkle, twinkle, little star,

How I wonder what you are!

As your bright and tiny spark

Lights the travler in the dark,

Though I know not what you are,

Twinkle on, please, little star.

Twinkle, twinkle, little star,

How I wonder what you are!

（4）在第（3）题的基础上，对英文儿歌中出现的单词按照词频数从大到小进行降序排列，并在控制台上输出，排序结果如图 4.7 所示。

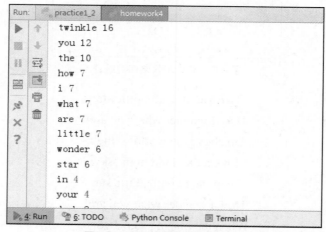

图4.7　按照词频降序排列单词

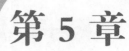

第 5 章

函数与模块

技能目标

➢ 了解函数的意义
➢ 掌握函数参数的使用方法
➢ 掌握函数返回值的使用方法
➢ 掌握生成器与迭代器的使用方法
➢ 掌握模块的使用方法

本章任务

任务 1：自定义函数计算景区指定条件下的月平均访客量
任务 2：使用内置模块随机生成双色球中奖号码

本章资源下载

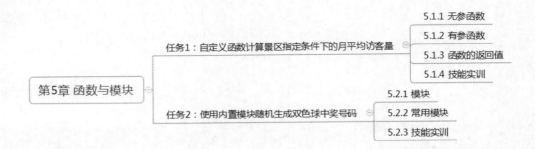

编程中经常会在不同的地方使用相同的代码逻辑。为了提高开发效率，提高程序的可用性，需要通过技术手段将这些代码作为一个整体封装起来，允许在不同的地方重复使用。函数就是解决这个问题的方案之一。熟练掌握函数的定义方法，是 Python 程序员的必备技能之一。

任务 1　自定义函数计算景区指定条件下的月平均访客量

【任务描述】

本任务需要定义计算景区月平均访客量的函数，实现通过参数传递计算平均访客量的输入数据，通过返回值返回平均访客量的功能。

【关键步骤】

（1）分析功能，确定函数需要达到的功能效果。

（2）定义函数，确定函数参数列表。

（3）编写函数代码，计算景区平均访客量。

（4）以返回值的形式返回景区平均访客量。

5.1.1　无参函数

1.　函数的概念

为了实现代码的重复使用，Python 支持将代码逻辑组织成函数。函数是一种组织好的、允许重复使用的代码段。通常函数都用来实现单一或相关联的功能。

在代码中灵活地使用函数能够提高应用的模块化和代码的重复利用率。在使用函数时，通过参数列表将参数传入到函数中，执行函数中的代码后，执行结果将通过返回值返回给调用函数的代码。

【语法】

```
def func_name(参数列表):
    函数体
    [return 函数返回值]
```

在 Python 中定义函数使用关键字 def，其后紧接函数名。函数名一般使用小写英文单词定义，单词与单词之间使用"_"连接，函数名最好能够体现函数的功能，达到见名知意的效果。函数名后的小括号里定义函数的参数列表，小括号后面使用 ":" 表示接下来的内容是函数体。在定义函数体时要使用缩进来区分代码间的层级关系，并根据实际的代码逻辑决定函数是否需要返回值。

2. 无参函数

无参函数就是参数列表为空的函数。如果函数在调用时不需要向函数内部传递参数，就可以使用无参函数。

示例 1

使用无参函数打印边长为 4 的等边三角形。

分析：

因为打印的三角形边长是确定的，所以直接使用无参函数实现就可以了。

关键代码：

```
#定义并调用无参函数
def print_triangle():
    n = 4
    #外层循环，实现打印 4 行字符串
    for line in range(n):
        #打印每行第一个*号前的空格，用来对齐*号
        #空格数随层数递减
        for space_count in range(n - line - 1):
            print(" ",end="")
        #打印每一行的*号，*号个数随层数递增
        for start in range(line + 1):
            print("* ",end=")
        print()
print_triangle()
```

输出结果：

```
   *
  * *
 * * *
* * * *
```

在示例中，使用了循环嵌套。因为 print() 方法每次执行后都默认以换行结束，需要设置其结束符为空字符串。完成函数定义后，使用 print_triangle() 就能够调用函数，执行函数中的代码。因为 print_triangle() 函数是无参函数，所以在小括号中不需要填写任何参数就能执行。

在 Python 中调用函数还需要注意，Python 代码是自上而下顺序执行的，在调用函数前函数必须是已定义的，也就是函数必须先定义再使用。

5.1.2 有参函数

如果函数不需要从外部传递数据到函数中就可以使用无参函数，但是无参函数的局限性比较大，很多场景下都需要在调用函数时向函数内传递数据，此时定义的函数就是

有参函数。在 Python 中，函数的参数在定义时可分为：

> 位置参数
> 默认参数
> 包裹位置参数
> 包裹关键字参数

其中，包裹位置参数和包裹关键字参数都属于不定长参数。

在调用函数时，有一种特殊的给函数参数传值的方法：使用参数的名字作为关键字来给参数传值，这种参数被称为关键字参数。

1. 位置参数

位置参数是最基本的函数参数，定义方法如下。

【语法】

```
def func_name(arg1,arg2,arg3):
    函数体
```

arg1、arg2、arg3 就是函数的位置参数，参数与变量一样尽量取有意义的名字。在定义位置参数时，每个参数以 "," 分隔。在调用函数时，在小括号中直接填写要传给函数参数的值，但必须按照定义时的顺序来写，才能将值正确地传递给对应的参数。

示例 2

将示例 1 改为有参函数实现：使用有参函数打印边长为 n 的等边三角形，n 通过函数的参数传递。

关键代码：

```
#定义并调用有参函数
def print_triangle(n):
    for line in range(n):
        for space_count in range(n - line - 1):
            print(" ",end="")
        for start in range(line + 1):
            print("* ",end="")
        print()
print_triangle(5)
```

输出结果：

```
    *
   * *
  * * *
 * * * *
* * * * *
```

在示例 2 中，函数只定义了 1 个参数，所以调用时不存在传值顺序的问题。当在函数中定义了多个参数时，调用时就要注意传入参数的顺序了。

示例 3

某景区全年访客量详情如表 5-1 所示。

表 5-1　景区全年访客量详情

月份	1 月	2 月	3 月	4 月	5 月	6 月	7 月	8 月	9 月	10 月	11 月	12 月
访客人数	200	388	123	456	987	342	767	234	124	345	123	234

使用函数计算 start 月~end 月的月平均访客量。求 1 月到 9 月的平均访客量。

分析：

➢ 完成示例的功能，函数需要两个参数，一个参数是起始月的月份，另一个参数是结束月的月份。

➢ 全年访客信息使用列表保存，作为函数内的局部变量，不通过参数传递。

➢ 通过参数确定统计访客量的月份，然后从列表中取出数据，计算平均访客量。

关键代码：

```
#括号内是参数列表
#参数列表中有两个参数，第 1 个参数的名字是 start，第 2 个参数的名字是 end，这个例子里的两个参
#数都是位置参数
def start_to_end_avg(start, end):
    #使用列表保存景区每月的访客数据
    data = [200, 388, 123, 456, 987, 342, 767, 234, 124, 345, 123, 234]
    sum_ = 0
    #使用 for 循环累加计算总访客量
    for month in range(start - 1,end):
        sum_ += data[month]
    avg = sum_ / (end - start + 1)
    print(avg)
start_to_end_avg(1, 9)
```

输出结果：

402.3333333333333

示例 3 中 start_to_end_avg()函数有两个参数：start 和 end，这两个参数都是位置参数，在调用函数的时候必须按照定义函数时的参数顺序依次传递参数，如果将参数的顺序打乱，则会导致函数的执行结果出错，甚至引起程序崩溃。读者可以尝试以 start_to_end_avg(9,1)的方式调用函数，观察输出结果。

调用函数时，也可通过关键字参数实现将数据传递给指定的参数。定义函数时，每个参数都有自己的参数名，在调用时通过"参数名=数值"的方式给参数传值就可以不按照参数的定义顺序。

示例 4

使用关键字参数的方式调用示例 3 中的 start_to_end_avg()函数。

关键代码：

```
start_to_end_avg(end = 9, start = 1)
```

输出结果：

402.3333333333333

使用关键字参数调用函数的方式，不但不用考虑参数传递的顺序，而且增强了代码的可读性。因此，在开发中可以灵活使用关键字参数调用函数。

2. 默认参数

Python 允许在定义函数时给参数设置默认值，这样的参数称为默认参数。给参数添加默认值的方法是在定义函数时使用"="给参数赋值，等号右侧即为参数的默认值。设置了默认值的参数，在调用时可以不给这个参数显式赋值，此时参数值就是它的默认值。如果在调用时给这个参数赋值，则默认值不生效。

> 示例 5

使用函数计算 start 月～end 月的景区月平均访客量，默认情况下 end = 12。

> 计算 6 月～12 月的景区月平均访客量。

> 计算 1 月～9 月的景区月平均访客量。

景区全年访客量如表 5-1 所示。

分析：

> 示例中要求 end 的默认值为 12，因此在定义函数时，需要设置参数 end 的默认值为 12。

> 计算 6 月～12 月的景区月平均访客量，end 的默认值为 12，所以在调用时只给参数 start 赋值。

> 计算 1 月～9 月的景区月平均访客量，不能使用默认参数，所以要分别给参数 start 和 end 赋值。

关键代码：

```
#给 end 参数设置默认值 12
def start_to_end_avg(start, end = 12):
    #使用列表保存景区每月的访客数据
    data = [200, 388, 123, 456, 987, 342, 767, 234, 124, 345, 123, 234]
    sum_ = 0
    #使用 for 循环累加计算总访客量
    for month in range(start - 1,end):
        sum_ += data[month]
    avg = sum_ / (end - start + 1)
    print(avg)
#使用默认值参数，计算 6 月～12 月的景区月平均访客量
print("景区 6 月～12 月的景区月平均访客量：")
start_to_end_avg(6)
#显式设置参数 start 和 end 的值，计算 6 月～12 月的景区月平均访客量
print("景区 6 月～12 月的景区月平均访客量：")
start_to_end_avg(6,12)
#计算 1 月～9 月的景区月平均访客量
print("景区 1 月～9 月的景区月平均访客量：")
```

start_to_end_avg(1,9)

输出结果：

景区 6 月～12 月的景区月平均访客量：

309.85714285714283

景区 6 月～12 月的景区月平均访客量：

309.85714285714283

景区 1 月～9 月的景区月平均访客量：

402.33333333333333

　注意

在给函数的参数设置默认值时，设置默认值的参数要定义在普通的位置参数后面，否则解释器会报错。

3. 不定长参数

前面示例中的函数参数都是确定个数的参数，但是在开发中，某些场景下无法确定参数的个数，这时就可以使用不定长参数来实现。不定长参数分为两种：包裹位置参数和包裹关键字参数。

（1）包裹位置参数

在函数中使用包裹位置参数，将允许函数接收不定长个位置参数，这些参数将会被组织成一个元组传入函数中。

【语法】

def func(*args):

　　函数体

定义包裹位置参数是在参数名前添加一个"*"。在调用函数时，就可以传入多个数值，给包裹位置参数赋值和给普通位置参数赋值一样，参数值之间以","分隔，这些数值将统一被参数 args 以元组的方式接收。

示例6

使用包裹位置参数定义函数，函数的功能是通过参数传入任意几个月份，然后计算这几个月景区的平均访客量。如通过参数传入 7 月、8 月、9 月，就计算这三个月的平均访客量。

分析：

➤　包裹位置参数的赋值在传入函数后，是以元组的形式组织在一起的，所以需要使用 for 循环遍历元组来计算访客总量。

➤　在函数中使用 args 参数时不要带参数名前的"*"，这个"*"表示该参数是包裹位置参数。

关键代码：

#包裹位置参数

#包裹位置参数的定义形式是在参数名前加 1 个*号

#产生的效果是会接收不限数量个普通参数（遇到关键字参数之后，停止接收参数）

```
#接收到的 n 个参数，会以元组（tuple）的形式组成一个整体输入函数中
def specific_avg(*args):
    data = [200, 388, 123, 456, 987, 342, 767, 234, 124, 345, 123, 234]
    sum = 0
    for item in args:
        sum += data[item-1]
    avg = sum / len(args)
    print("月平均访客量是：",avg)
specific_avg(9,8,7)
```

输出结果：

月平均访客量是： 375.0

包裹位置参数会接收不定长的参数值传入，因此包裹位置参数要定义在位置参数的后面、默认参数的前面。在调用含有包裹位置参数的函数时，如果包裹位置参数后面使用了关键字参数，那么包裹位置参数就会停止接收参数值。

包裹位置参数的一个典型应用是 print()方法。print()方法能够接收多个字符串并打印，就是使用的包裹位置参数来接收这些字符串。

（2）包裹关键字参数

包裹关键字参数与包裹位置参数一样都是不定长参数，只是包裹关键字参数接收的参数都是以关键字参数的形式传入的，也就是每个参数的形式都是"参数名=参数值"。当参数传入到函数中后，这些传入的参数会以字典的形式组织在一起，其中关键字参数的参数名就是字典中的键，参数值就是键对应的值。

【语法】

```
def func(**kwargs):
    函数体
```

定义包裹关键字参数是在参数名前添加 2 个 "*"。在调用函数时，每一个传给包裹关键字参数的值都采用 "参数名=参数值" 的关键字参数形式，参数值之间以 ","分隔，这些参数值将统一被参数 kwargs 以字典的方式接收。

示例 7

计算上半年和下半年景区的月平均访客量。

关键代码：

```
#包裹关键字参数
#包裹关键字参数的定义形式是在参数名前加 2 个*号
#表示函数可以接收不限数量的关键字参数
#接收到的 n 个关键字参数，会以字典（dict）的形式组成一个整体传入函数中
#字典中的键是参数的关键字，字典中的值是"="号后面的值
def keyword_avg(**kwargs):
    for key in kwargs:
        print(key + " avg is:")
        data = kwargs[key]
        sum = 0
        for item in data:
```

```
            sum += item
        avg = sum / len(data)
        print(avg)
    keyword_avg(first_half_year = [200, 388, 123, 456, 987, 342], second_half_year = [767, 234, 124, 345,
123, 234])
```

输出结果：

first_half_year avg is:

416.0

second_half_year avg is:

304.5

示例 7 中，函数 keyword_avg() 的参数列表中定义了包裹关键字参数。在调用这个函数时，传入了两个参数 "first_half_year=[200,388,123,456,987,342]" 和 "second_half_year=[767,234,124,345,123,234]"，一个是景区上半年每月的访客量数据，一个是景区下半年每月的访客量数据。这些数据以关键字参数的形式传入函数后，first_half_year 和 second_half_year 变成字典 kwargs 的键，对应的列表变成字典中键对应的值。在函数中通过对字典的遍历，分别计算上半年和下半年景区的月平均访客量。

函数参数
视频讲解

 注意

在定义有参函数时，不同类型参数的定义要遵循以下顺序，以防引起错误：

def func(位置参数,包裹位置参数,默认参数,包裹关键字参数)

5.1.3　函数的返回值

在使用函数时，有些场景下需要获得函数的执行结果。通过给函数添加返回语句，可以实现将函数的执行结果返回给函数调用者。

1. return 关键字

给函数添加返回值可以在需要返回的地方执行 return 语句。return 语句对于函数来说不是必需的，因此函数可以没有返回值。return 关键字的特点是执行了 return 语句后，就表示函数已经执行完成了，return 后面的语句不会再执行。

return 关键字后面接的是该函数要返回的数值，这个数值可以是任意类型。当然 return 关键字后面也可以没有任何数值，表示终止函数的执行。在一个函数中可以存在多个 return 语句，这些 return 语句表示在不同的条件下终止函数执行并返回对应的数值。

【语法】

```
def func_name(参数列表):
    函数体
    [return [函数返回值]]
```

示例 8

某公司根据员工在本公司的工龄决定其可享受的年假天数，如表 5-2 所示。

表 5-2　公司年假天数表

工龄	年假天数
小于 5 年	1 天
5 年～10 年	5 天
10 年以上	7 天

定义函数 get_annual_leave()，传入员工工龄返回其可享有的年假天数并打印在控制台上。

关键代码：

```
def get_annual_leave(seniority):
    if seniority < 5:
        return 1
    elif seniority < 10:
        return 5
    else:
        return 7
seniority = 7
days = get_annual_leave(seniority)
print("工龄是%d 年的员工的年假天数是%d"%(seniority,days))
```

输出结果：

工龄是 7 年的员工的年假天数是 5

示例 8 中函数返回的是一个数值类型的值，函数的返回值也可以是更复杂的数据类型。

示例 9

创建一个生成 n 位的斐波那契数列的函数。

分析：

➢　斐波那契数列由 1、1 开始，之后数列中的每个数都是之前两个数的和。

➢　n 作为参数传入函数中。

➢　为了能够将数列完整地返回，需要用列表保存数列。

关键代码：

```
def return_gen_fibonacci(n):
    result = [1]
    if n == 1:
        return result
    elif n == 2:
        return result.append(1)
    else:
```

```
        result.append(1)
        for pos in range(2,n):
            result.append(result[pos - 2] + result[pos - 1])
    return result


for item in return_gen_fibonacci(10):
    print(item, end   = " ")
```

输出结果：

1 1 2 3 5 8 13 21 34 55

示例 9 中，为了返回整个数列的值，使用列表来保存数列，并将其作为返回值返回。

2. yield 关键字

在 Python 里还有一个关键字 yield，也在函数中用于返回数值。但是 yield 与 return 相比具有不同的特点。

使用 yield 作为返回关键字的函数叫作生成器。生成器是一个可迭代对象，在 Python 中能够使用 for…in…来操作的对象都是可迭代对象，如之前学过的列表和字符串就是可迭代对象。使用 yield 返回值的函数也可以使用 for…in…来操作。但是生成器每次只读取一次，也就是使用 for 循环迭代生成器的时候，每次执行到 yield 语句，生成器就会返回一个值，然后当 for 循环继续执行时，再返回下一个值。

yield 像一个不终止函数执行的 return 语句。每次执行到它都会返回一个数值，然后暂停函数（而不是终止），直到下一次从生成器中取值。

示例 10

使用 yield 关键字定义一个能够生成 0～3 数字序列的生成器，然后使用 for 循环输出这个数列。

关键代码：

```
def generate_sequence_1():
    print("return 0")
    yield 0
    print("return 1")
    yield 1
    print("return 2")
    yield 2
    print("finish")


def generate_sequence_2():
    for i in range(3):
        print("return",i)
        yield i
    print("finish")


print("call generate_sequence_1:")
for i in generate_sequence_1():
```

```
        print("print",i)

    print("call generate_sequence_2:")
    for i in generate_sequence_1():
        print("print",i)
```

输出结果：

```
call generate_sequence_1:
return 0
print 0
return 1
print 1
return 2
print 2
finish
call generate_sequence_2:
return 0
print 0
return 1
print 1
return 2
print 2
finish
```

从示例 10 可以看出，generate_sequence_1() 和 generate_sequence_2() 在执行效果上是相同的。只是 generate_sequence_1() 中没有使用 for 循环来执行 yield 语句，generate_sequence_2() 中使用 for 循环来执行 yield 语句。从输出结果中可以看出 "return" 和 "print" 是交替出现的，并且是先出现 "return" 再出现与之对应的 "print"。也就是当函数执行到 yield 语句后，函数返回了一个值，但是函数并没有被终止，而是暂停了，直到 for 循环继续迭代从生成器中取值时，函数才恢复运行。依此往复，直到所有生成器中的代码都执行完毕。

实际上生成器不使用 for 循环，使用生成器对象的 __next__() 方法也可以依次取出生成器的返回值。

示例 11

关键代码：

```
def generate_sequence():
    for i in range(3):
        print("return",i)
        yield i


print("call generate_sequence:")
generate_sequence = generate_sequence()
print("print",generate_sequence.__next__())
print("print",generate_sequence.__next__())
```

```
print("print",generate_sequence.__next__())
```

输出结果：

```
call generate_sequence:
return 0
print 0
return 1
print 1
return 2
print 2
```

示例 11 中使用__next__()方法将生成器中的值不断取出来，也达到了迭代的效果。

了解了 yield 关键字的特点，下面使用 yield 关键字来改写斐波那契数列的生成函数。

示例 12

使用 yield 关键字创建一个生成 n 位的斐波那契数列的函数。

分析：

使用 yield 关键字来创建斐波那契数列，就不需要先在函数中构造列表，再将列表作为整体返回；而是使用 yield 关键字依次返回数列中的数值。

关键代码：

```
def yield_gen_fibonacci(n):
    first = 1
    second = 1
    for pos in range(n):
        if pos == 0:
            yield first
        elif pos == 1:
            yield second
        else:
            first,second = second,first+second
            yield second
for item in yield_gen_fibonacci(10):
    print(item, end = " ")
```

输出结果：

```
1 1 2 3 5 8 13 21 34 55
```

使用 yield 关键字能够让代码更灵活，在 Scrapy 爬虫框架中也经常会用到 yield，需要读者认真学习掌握 yield 的使用方法。

yield 关键字
使用方法
视频讲解

5.1.4　技能实训

图书库存管理系统用于管理图书的库存信息。例如，图书入库时，要记录图书的书名、书号、价格等信息。编写一个图书库存管理系统，要求如下：

➢　使用函数完成对程序的模块化。

➢　图书信息包括：书名、书号、出版时间、价格。

➢　系统功能：显示书目信息、显示图书库存信息、添加书目信息、修改图书库存量。

程序主菜单如图 5.1 所示。

```
====================
图书库存管理系统V0.1
1.显示书目信息
2.显示图书库存信息
3.添加书目信息
4.修改图书库存量
5.退出系统
====================
请输入要执行的操作（填写数字）：
```

图5.1　程序主菜单

显示书目信息功能如图 5.2 所示。

书号	书名	出版时间	价格
9787517042099	Photoshop入门到创意	2016-04-01	45.0
9787115480354	SSM轻量级框架应用实战	2018-05-01	66.8
9787517042242	HTML5+CSS3前端技术	2016-04-01	52.0

图5.2　显示书目信息

显示库存功能如图 5.3 所示。

书号	书名	库存
9787517042099	Photoshop入门到创意	5
9787115480354	SSM轻量级框架应用实战	4
9787517042242	HTML5+CSS3前端技术	7

图5.3　显示库存

添加书目信息功能如图 5.4 所示。

```
====================
请输入书号：9787517053774
请输入书名：云计算部署实战
请输入出版时间：2017-05-01
请输入价格：39.00
图书信息添加成功
====================
```

图5.4　添加书目信息

修改图书库存功能如图 5.5 所示。

```
====================
请输入书号：9787517042242
请输入库存量：10
库存修改成功
====================
```

图5.5　修改图书库存

分析：

➢　使用函数来封装每个功能：打印主菜单、显示书目信息、显示库存信息、添加书目信息和修改图书库存量。

➢　使用二维列表来保存书目信息，书的信息包括书号、书名、出版时间和价格。

➢　使用字典来保存图书库存信息：书号作为字典的键，库存量作为字典的值。

➢　根据实际需求，将保存书目信息的列表或保存库存信息的字典作为参数传入到函数中。

任务 2　使用内置模块随机生成双色球中奖号码

【任务描述】

本任务使用内置随机数模块随机生成双色球彩票的中奖号码。

【关键步骤】

（1）导入生成随机数的模块。

（2）使用随机数模块生成双色球中奖号码。

（3）在控制台输出双色球号码。

5.2.1　模块

在开发过程中，开发人员不会将所有的代码放到一个文件中，而是将功能相近的类或函数放到一起，这样代码结构清晰，管理维护方便。在 Python 中使用模块来管理代码，事实上一个 Python 文件（一个以.py 结尾的文件）就是一个模块。在模块中可以定义函数、类和变量，甚至可以包含可执行代码。

1．导入模块

Python 的模块分为内置模块和第三方模块。内置模块只要安装了 Python 就可以使用，第三方模块则需要进行安装。本书使用的 Anaconda 能够非常便捷地管理、安装第三方模块。当在自己的代码文件中调用其他模块的代码时，首先要确保该模块已经安装，然后使用 import 关键字导入模块。模块导入后就可以调用其中的类或者函数了。

示例 13

导入随机数模块，生成一个 0~99 的整数。

关键代码：

```
import random
#生成一个 0~99 的整数，包含 0 和 99
random_int = random.randint(0,99)
print("生成的随机数是：",random_int)
```

输出结果：

生成的随机数是：16

示例 13 中导入了 Python 内置的 random 随机数模块，random 模块中的 randint(a,b)

方法用于生成一个大于等于参数 a、小于等于参数 b 的整数。使用 import 关键字导入
random 模块后，就能以"模块名.方法()"的方式调用模块中的方法了。

这种调用方式可以实现调用模块中所有类或方法的目的，但是调用时需要使用模块
名作引用。Python 的语法允许有针对性地导入模块中的某一部分，这样在调用方法时会
显得更加简洁。

【语法】

from 模块名 import 方法名或类名

示例 14

使用随机数模块生成某一期的双色球中奖号码。

双色球规则：

➢ 6 位不重复的蓝球，蓝球的选号范围：1～33。

➢ 1 位红球，红球选号范围：1～16。

➢ 蓝球依从小到大的顺序排列。

分析：

➢ 生成蓝球号码时使用随机数模块，号码范围 1～33。

➢ 生成红球号码时使用随机数模块，号码范围 1～16。

➢ 生成蓝球号码时要验证新生成的号码与已生成的号码是否重复，如果重复需要
重新生成。可以使用列表或集合保存蓝球号码，这两个数据结构都提供了判断元素是否
存在的方法。

➢ 蓝球要按照从小到大的顺序排列，因此选择列表更好，列表有排序方法，能够
对保存于其中的元素排序。

关键代码：

```
from random import randint
blue_balls = []
while len(blue_balls) != 6:
    blue_ball = randint(1,33)
    if blue_ball not in blue_balls:
        blue_balls.append(blue_ball)
red_ball = randint(1,16)
blue_balls.sort()
print("蓝球： ",blue_balls)
print("红球： ",red_ball)
```

输出结果：

蓝球：[12, 16, 18, 21, 31, 33]

红球：9

在示例 14 中，使用了 from…import…语句导入 random 模块中生成整数随机数的方
法 randint()。以这样的方式导入 randint()方法，在调用时就不需要再使用 random 模块名
了，而是直接使用 randint()方法名就可以了。

在导入模块时 Python 还允许给模块起一个别名。因为有的模块名字比较长，在代码

中使用的次数又比较多，每次都写模块的全名会使代码变得臃肿，不利于阅读，此时就可以使用别名的方式来解决这个问题。

【语法】

#给模块取别名

import 模块名 as 模块的别名

#给模块中的方法或类取别名

from 模块名 import 模块中的方法或类 as 别名

示例 15

使用别名方式导入随机数模块，实现双色球中奖号码生成功能。

关键代码：

```
from random import randint as ri
blue_balls = []
while len(blue_balls) != 6:
    blue_ball = ri(1,33)
    if blue_ball not in blue_balls:
        blue_balls.append(blue_ball)
red_ball = ri(1,16)
blue_balls.sort()
print("蓝球：",blue_balls)
print("红球：",red_ball)
```

输出结果：

蓝球：[2, 4, 15, 27, 28, 30]

红球：15

注意

假如导入的模块使用 as 起了别名，那么原名就不能使用了，只能使用别名进行调用。

在代码中导入模块要根据实际情况选择是直接导入整个模块，还是选择性地导入某一方法或类，以及是否需要给导入的内容起一个别名。恰当地选择导入方式能够提高代码的可读性，减少冗余的代码量。但是不管使用哪种导入方式最后的效果都是一样的，不会因为选择了不同的导入方式而引起程序运行错误。

2. 创建模块

在 Python 中，一个.py 文件就是一个模块，文件名就是模块的名字。如果调用者和被调用者处于同一文件夹下，使用关键字 import 加文件名即可导入模块。

示例 16

创建一个名为 calculate 的 Python 文件，在该文件中定义求和函数 add()，在 calculate.py 的同级文件夹下创建一个新的 Python 文件，在此文件中调用 calculate 模块中的 add()函数。

分析：

➤ 在 Python 中每一个文件都是一个模块，模块名就是文件名，所以调用 calculate 文件中的 add()函数需要先完成 calculate 模块的导入。

➤ calculate 文件与其调用者处于同一文件夹下，可以直接使用 import calculate 完成模块导入。

关键代码：

calculate.py
```
def add(*args):
    result = 0
    for item in args:
        result += item
    return result
```

main.py
```
import calculate
print(calculate.add(1,2))
```

输出结果：

3

在示例 16 中，因为 calculate.py 和 main.py 两个文件位于同一文件夹下，因此在 main.py 中可以直接导入 calculate 模块。

为了更好地组织模块，通常会将多个功能相近或有关联的模块放在一个包中。包就是 Python 模块文件所在的目录，文件夹名就是包名。在使用包时，文件夹下必须存在一个__init__.py 文件（文件内容可以为空），用于标识当前文件夹是一个包，如果缺少了这个文件，文件夹外的文件将无法导入文件中的模块。

其他文件夹下的文件导入包中模块时的语法如下。

【语法】

import 包名.模块名

示例 17

创建一个 math_utils 包，将 calculate 模块移到这个包下，在 main.py 中调用 calculate 模块中的 add()函数。

关键代码：

calculate.py
```
def add(*args):
    result = 0
    for item in args:
        result += item
    return result
```

main.py
```
import math_utils.calculate
print(math_utils.calculate.add(1,2))
```

输出结果：

3

示例 17 的代码结构如图 5.6 所示。在 math_utils 文件夹下必须有__init__.py 文件，包中的模块才能够被文件夹外的代码引用。

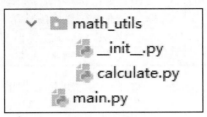

图5.6　包目录结构

5.2.2　常用模块

Python 语言的语法接近自然语言，因此在各个领域都有十分广泛的应用。同时因为 Python 语言的开源性，其开源社区十分活跃，开发了很多开源的第三方模块。其中一些使用场景广泛的模块被集成到了 Python 中，称为内置模块；其他未集成到 Python 中的模块称为第三方模块。

1．内置模块介绍

内置模块是安装 Python 后就可以直接使用的模块，通常是一些使用场景非常广泛的模块，例如文件操作模块、时间模块等。表 5-3 展示了一些常用的内置模块及其功能。

表 5-3　常用内置模块

模块名	功能
time	用于获取时间戳或进行时间格式的转换
datetime	包含方便的时间计算方法
random	用于生成随机数
os	提供对操作系统进行调用的接口
shutil	高级的文件、文件夹、压缩包处理模块

2．第三方模块

内置模块一般是通用的、使用场景广泛的模块，而第三方模块则更具针对性，用于处理更专业的问题。如果只安装了 Python，使用第三方模块的功能需要先安装。由于 Python 语言的版本很多，一些版本间变化比较大，在安装第三方模块的时候还要考虑到安装的模块和当前的 Python 版本是否匹配。如果出现版本不匹配的问题，在程序运行时就有可能出错。

为了避免在安装第三方模块时出现版本问题,本书选择使用 Anaconda 来管理 Python 的第三方模块的安装。表 5-4 列出了一些在数据领域知名的、应用广泛的第三方模块及其功能。

表 5-4   第三方模块

模块名	功能
numpy	数据分析领域的常用库, 用于矩阵和向量运算
pandas	数据分析领域的常用库, 提供了非常多的统计计算方法
matplotlib	优秀的 2D 绘图库, 常用于数据分析领域的图表绘制
scipy	科学计算库, 包含了大量的科学计算方法
sklearn	继承了非常多的机器学习模型的库
scrapy	优秀的爬虫框架, 可以快速地完成爬虫的开发

下面演示一下如何使用 pandas 模块中的方法求解数据的方差。

示例 18

表 5-5 是某连锁便利店其中两家店面的上半年营业额的详情, 请计算哪家店的营收更加稳定。

表 5-5   连锁便利店上半年营业额

	1 月	2 月	3 月	4 月	5 月	6 月
店 A	10092	13411	15823	17485	10555	11424
店 B	13034	13943	17608	16672	18298	15392

分析:

➢ 在统计学上使用方差作为衡量数据稳定性的指标, 方差越大, 稳定性越低。方差的计算公式是 $s^2=(x_1-M)^2+(x_2-M)^2+(x_3-M)^2+\cdots(x_n-M)^2$, 其中 M 是平均数。

➢ 可以使用公式计算两家店营业额的方差, 也可以直接使用 pandas 模块中的计算方差的方法, 快速计算两家店上半年营业额的方差。

➢ 在计算方差前, 首先需要将数据格式转换成 pandas 特有的数据保存格式, 然后再调用计算方差的方法。

实现步骤如下。

(1) 导入 pandas 模块, pandas 模块已经集成在 Anaconda 中, 无须另外安装。

(2) 通常导入的 pandas 会取别名 pd。

(3) 构造 pandas 中保存数据的数据结构。

(4) 调用 var()方法求方差。

关键代码:

```
import pandas as pd
turn_over_a = pd.Series([10092, 13411, 15823, 17485, 10555, 11424])
print("店 A 上半年营业额的方差是: ",turn_over_a.var())
turn_over_b = pd.Series([13034, 13943, 17608, 16672, 18298, 15392])
print("店 B 上半年营业额的方差是: ",turn_over_b.var())
```

输出结果:

店 A 上半年营业额的方差是: 9013544.666666668

店 B 上半年营业额的方差是: 4306263.9

通过比较后发现, 店 B 上半年营业额的方差数值相对较小, 说明店 B 的营收更加稳定。

5.2.3 技能实训

为了提高项目的可读性，需要将任务 1 的技能实训项目——图书库存管理系统的代码使用模块进行封装。要求：

> 创建包：book_system_manage。
> 按功能封装两个模块：book_list_manage 和 inventory_manage。book_list_manage 中封装与书目相关的函数，inventory_manage 中封装与库存相关的函数。
> 将 book_list_manage 和 inventory_manage 模块放到 book_system_manage 包下保存。
> 创建模块：system_utils。模块中封装系统功能显示函数。

分析：

> 使用包来管理模块，就是创建名为 book_system_manage 的文件夹来保存.py 文件。
> 使用包时，为了让其他使用者能够正确调用，需要在文件夹下添加__init__.py 文件。
> 在其他文件中调用包中的内容，需要带着包名导入模块。

本章总结

> 函数的作用是封装代码，提高代码的可读性、可复用性和可扩展性。
> 可以通过参数向函数中传递数据，也可以通过返回值向函数外返回数据。
> 函数的参数类型有位置参数、默认参数、包裹位置参数、包裹关键字参数，适用于不同的使用场景。
> 一个.py 文件就是一个模块，多个模块放在一个文件夹中就构成了包。使用模块能够更好地管理代码，提高代码的可读性。

本章作业

1. **简答题**

（1）简述 Python 中函数参数的种类和定义方法。

（2）简述在包中定义模块的方法以及注意事项。

2. **编码题**

（1）创建 max 函数，返回从键盘输入的 5 个整数中的最大数，如图 5.7 所示。

图5.7 返回输入的最大数

（2）定义函数接收年份和月份，返回对应月份有多少天。

➢ 闰年二月为 29 天，否则为 28 天（闰年就是二月有 29 天的年份，能被 4 整除但是不能被 100 整除的是闰年，能被 400 整除的也是闰年）。

➢ 四月、六月、九月、十一月为 30 天。

➢ 其余月份为 31 天。

（3）编写函数接收一个时间（小时、分、秒），返回该时间的下一秒。

例如：分别输入的是 10 20 59，表示 10 点 20 分 59 秒，下一秒就是 10 点 21 分 0 秒。

第 6 章

项目实训——在线投票系统

技能目标

➢ 理解程序基本概念——程序、变量、数据类型。
➢ 会使用顺序、选择、循环、跳转语句编写程序。
➢ 会使用列表、字典等数据结构。
➢ 会使用相关运算符和函数做统计运算。

本章任务

任务：完成"在线投票系统"

本系统主要实现添加投票候选人、删除候选人、为候选人投票、按序号投票、删除投票、清空投票、投票统计、退出投票等功能。

本章资源下载

第6章 项目实训——在线投票系统

6.1 项目需求

6.2 难点分析

6.3 项目实现思路

6.1 项目需求

小明在学校的宣传部门工作，经常遇到投票决策或者匿名选举投票等事务，用传统的计票方式每次都得大费周章，比较麻烦。现要求开发一个在线投票系统，实现添加投票候选人、删除候选人、为候选人投票、按序号投票、删除投票、清空投票、投票统计、退出投票等功能。项目运行效果如图 6.1 至图 6.3 所示。

```
Run  voter
  D:\Anaconda3\python.exe D:/pycharm/voter.py
  欢迎使用在线投票系统
  使用规则介绍:
  1.启动在线投票系统之后，会出现命令解释，这是在之后的投票过程中的一些功能命令
  2.之后，系统会提醒您输入候选名单，例如本次投票的候选名单为(张三、李四)，我们需要对其一个一个按顺序输入其名字
  3.输入完信息之后，需要按enter提交
  在线投票系统已经开启
  ----------------------------------------
  请输入本次投票的候选人名单
  如果发现候选人名填错，可以输入delete来删除上一个填入的候选名
  输入第1位候选名:
```

图6.1　在线投票系统——添加候选人

```
Run  voter
  D:\Anaconda3\python.exe D:/pycharm/voter.py
  欢迎使用在线投票系统
  使用规则介绍:
  1.启动在线投票系统之后，会出现命令解释，这是在之后的投票过程中的一些功能命令
  2.之后，系统会提醒您输入候选名单，例如本次投票的候选名单为(张三、李四)，我们需要对其一个一个按顺序输入其名字
  3.输入完信息之后，需要按enter提交
  在线投票系统已经开启
  ----------------------------------------
  请输入本次投票的候选人名单
  如果发现候选人名填错，可以输入delete来删除上一个填入的候选名
  输入第1位候选名:张三
  添加候选名成功
  按任意键继续输入候选名(输入finish退出，并开始投票)
  当前候选人名单为:张三
  输入第2位候选名:李四
  添加候选名成功
  按任意键继续输入候选名(输入finish退出，并开始投票)finish
  本次投票候选名单为　1.张三　,2.李四
  请输入候选名单的内容，或者输入其序号，例如:输入1代表投票给候选名单的第一位
  ----------------------------------------
  投票内置命令如下:
  1.stop:输入stop结束投票
  2.delete_last:输入delete_last删除上一条投票
  3.clear:输入clear删除所有投票
  4.menu:回到菜单选择
  ----------------------------------------
  输入命令或者指定投票给:
```

图6.2　在线投票系统——为候选人投票

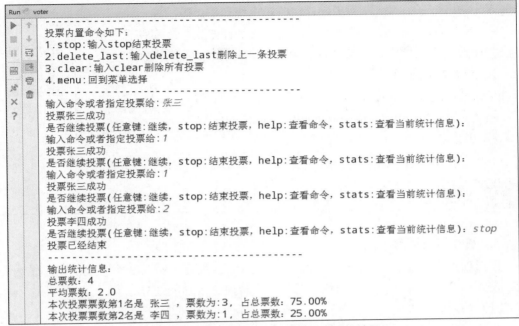

图6.3 在线投票系统——输出投票统计结果

1. 项目流程介绍

（1）运行程序后，会在控制台显示使用规则，并提示输入候选人名单。如果输错了候选人名，可以使用命令删除修改。

（2）每次输入后，按 Enter 键提交，例如依次输入候选人名"张三""李四"。

（3）输入候选人名后需要跳转到菜单选项，询问是否继续添加候选人名，或者输入命令退出添加候选人名，开始进行投票。

（4）完成候选人名添加之后，进入投票环节。将显示具体的候选人名单，并附上对应的编号，提示投票时可以输入候选人名字，也可以输入相应的序号。同时需要提示投票的内置命令，例如：结束投票、删除投票、清空投票、回到菜单等。

（5）每次投票完成之后，提示"投票××成功"，并跳转到菜单选项，询问是否继续投票，或者结束投票、查看命令、查看当前统计信息。

（6）当投票完成并输入结束命令时，自动输出统计信息，自动按票数给出候选人的排名以及得票率等信息。

2. 项目功能介绍

系统功能由 3 个阶段组成：输入候选人名单阶段、投票阶段、统计阶段。

➤ 整个项目的实现顺序是必须先输入候选人名单，之后才能进入投票阶段。在输入候选人名单阶段，需要实现添加候选人名、删除候选人名、给出菜单选项、使用命令的方式操作程序等功能。如果还没有添加候选人，就输入命令添加候选人，系统需要提示"请先添加候选人"。

➤ 投票阶段需要实现添加投票、按序号添加投票、删除投票、清空投票、给出菜单选项、使用命令的方式操作程序、实时输出统计信息等功能。

➢ 统计阶段是在投票结束时，输出投票统计结果，该阶段需要实现投票计数、计数排序、计数统计、完成投票时输出统计信息等功能。

项目视频
演示

3. 项目环境准备

完成"在线投票系统"，对于开发环境的要求如下：

➢ 开发工具：Pycharm Community，Anaconda 3.5.1。
➢ 开发语言：Python 3.6.4。

6.2 难点分析

1. 项目功能拆解

根据项目需求及功能介绍分析可知，在线投票系统主要分为 3 个阶段：输入候选人名、投票、输出统计结果。下面依次对每一个阶段进行功能细分。

（1）输入候选人名

在这一阶段中，需要实现添加候选人名、删除候选人名、退出添加、提供菜单选项等功能。将这个阶段要实现的功能放在同一个函数里。

➢ 添加和删除候选人名，可以使用列表的 append() 与 pop() 方法实现。
➢ 退出添加候选人，可以使用 break 跳出 while 循环实现。
➢ 在控制台中交互，可以使用 input() 函数实现。
➢ 使用 if 条件判断语句实现菜单选项及命令控制。

（2）投票

在这一阶段中，需要实现对候选人名单进行投票、删除上一投票、清空投票列表、结束投票等功能。将这个阶段要实现的功能放在同一个函数里。

➢ 对候选人名单进行投票只能对已有的候选人投票，不能对名单中不存在的名字投票。
➢ 使用列表保存被投票人姓名，这样投票结束后，会返回一个全是候选人名的列表，名字出现的次数就是票数。
➢ 添加投票、删除上一投票、清空投票列表都使用列表实现。
➢ 结束投票使用 break 跳出 while 循环来实现。
➢ 在控制台中交互，使用 input() 函数实现。

（3）输出统计结果

在这一阶段中，需要实现票数计数、票数排序、票数求和、票数占比等计算功能。将票数计数和票数排序分别放在专有函数中，实现计数函数和排序函数。将统计信息等功能放在另一个函数里。

➢ 计数函数使用字典实现。
➢ 排序函数使用列表的 sort() 方法实现。

➤ 统计信息功能通过运算符来实现。

项目代码函数列表：

➤ append_candidates()　#添加候选人名

➤ append_vote()　#给候选人投票

➤ counter()　#输出统计结果——计数函数

➤ sort_by_value()　#输出统计结果——排序函数

➤ describe()　#输出统计结果——统计信息

➤ online_voting()　#运行主函数，将所有函数串联在一起

2. 添加候选人阶段

当尚未添加候选人，但操作者已经通过命令告知结束添加候选人且进入投票阶段时，需要提示"请先添加候选人"。系统接收到结束添加候选人的命令时，要先进行判断，再确定下一步操作。

关键代码：

```
vote_list = []
while True:
        candidate = input('请输入候选人名：')
        if candidate == 'finish':     #完成添加的命令是 finish
            if len(vote_list) !=0:     #判断候选人名单不为空时跳出循环
                break
            else:
                print('请先添加候选人')     #当候选人名单为空时，打印提示语
        else:
            vote_list.append(candidate)
            print('添加候选人成功')
```

在跳出循环时，使用 if len(vote_list) !=0 进行判断可以避免候选人列表为空的情况。

3. 投票阶段

（1）判断输入内容是否在候选人名单中

根据本项目的功能拆解可知，在项目中必须先完成候选人名单的添加，才能进行投票，并且在投票阶段只能对现有的候选人名单进行投票。如果输入的投票对象不在候选人名单中，则投票无效。

通过 if 语句判断实现该功能。

关键代码：

```
vote_list = ['张三', '李四'] #候选人列表，假设已经添加候选人，候选人名单是张三、李四
votes_name = [] #投票列表，也将添加人名
voting = input('投票给：')
if voting in vote_list:
    votes_name.append(voting)
else:
    print('请输入候选人名单中的名字')
```

（2）输入命令

根据项目的功能描述可知，在投票时，可以选择输入命令或者是投票给指定候选人。由于之前的设定，投票阶段必须输入候选人名单中的字符串。如果输入命令，命令字符串肯定不在候选人名单中，从而导致被判断为输入错误。

因此，可以通过先判断输入的内容是否在候选人列表中来实现该功能。

关键代码：

```python
vote_list = ['张三','李四'] #候选人列表
votes_name = [] #投票列表
key_words_list = ['stop', 'delete_last', 'clear', 'menu']
voting = input('投票给：')
if voting in key_words_list:
    print('运行命令成功')
    if voting == 'stop':
        #实现 stop 命令功能
    elif voting =='clear':
        #实现 clear 命令功能
    ......#继续添加命令及实现命令功能
    elif voting in vote_list:
        votes_name.append(voting)
    else:
        print('请输入候选人名单中的名字')
```

（3）按序号投票

根据项目的功能描述可知，在投票阶段不仅输入候选人的名字能进行投票，输入其对应的序号也能进行投票。

可以使用列表索引来实现。

关键代码：

```python
vote_list = ['张三','李四'] #候选人列表
votes_name = [] #投票列表
key_words_list = ['stop','delete_last','clear','menu']
voting = input('投票给：')
if voting in key_words_list:
    ......#添加命令及实现命令功能
elif voting in vote_list:
    votes_name.append(voting)
elif voting in [str(i) for i in range(1,len(vote_list)+1)]:
    votes_name.append(vote_list[int(voting)-1])
else:
    print('请输入候选人名单中的名字')
```

这样通过输入序号，同样能够添加对应的候选人名，例如输入：1，在"votes_name"列表中添加的就是"张三"。

注意

"[str(i) for i in range(1,len(vote_list)+1)]" 属于 Python 中较为简洁的创建列表的方法，其中，"str(i)" 是列表中的元素，"for i in range(1,len(vote_list)+1)" 是对 i 的循环赋值，整个表达式等价于：

```
empty_list = []
for i in range(1,len(vote_list)+1):
    empty_list.append(str(i))
```

最后得到的元素与 empty_list 中的元素一样。

4．统计阶段

在统计阶段需要注意异常处理，有多种方式可以实现异常处理。这里使用 if-else 语句实现简单的异常处理。因为统计阶段需要计算得票率，需要将每个候选人的得票除以总票数。如果总票数是 0，则会出现异常，这时就需要加上判断。

关键代码：

```
sum_votes = sum(votes)   #sum_votes 表示总票数
zhangsan_vote = 0   #张三候选人的票数
if sum_votes == 0:   #判断总票数是否为零
    percent = None
else:
    percent = zhangsan_vote/sum_votes   #当总票数不为零时，才计算得票率
```

通过 if-else 可以进行简单的异常处理，让程序不至于遇到特殊情况就崩溃。

6.3 项目实现思路

1．添加候选人

创建 append_candidates() 函数，声明变量 vote_list 为空列表，用来存储候选人名。声明变量 candidate，candidate 是用户输入的候选人名或输入的命令。使用 while 循环与 break 实现通过输入命令 "finish" 来跳出循环，最终返回 vote_list 列表。

关键代码：

```
def append_candidates():
    vote_list = [] #用来存储候选人名
    while 1:
        candidate = input('输入命令或输入第%s 位候选人名:'%(len(vote_list)+1)).strip()
        if candidate == 'finish': #输入是 finish 命令时
            if len(vote_list) !=0:   #判断候选人名列表是否为空
                break   #不为空时跳出循环
            else:
                print('请输入候选人名')
```

```
        elif candidate == 'delete': #输入 delete 命令时
            vote_list.pop() #删除一个候选人名
        elif len(candidate)==0: #当没有输入任何内容时
            pass
        else:
            vote_list.append(candidate)    #添加候选人名
            print('添加候选人名成功')
        candi_name = ','.join(vote_list)
        print('当前候选人名单为： %s'%candi_name) #打印出最终候选人名
    return vote_list
```

 注意

> ➤ 代码中"while 1:"与"while True:"等价，都是让循环一直运行，除非在循环中存在 break 语句跳出循环。
>
> ➤ 在 candidate 中，会在 input()函数后添加去除字符串空格的方法 strip()，这样做是为了处理用户不小心或习惯输入空格这一类错误。

2. 添加投票

声明 append_vote(vote_list=[])函数，设置参数 vote_list，接收一个列表，即对 vote_list 中的候选人名进行投票。声明空列表 votes_name，用于统计得票数，每个候选人名得到投票，就会在 votes_name 中添加一个名字，例如"张三"得票 50，"李四"得票 20，在 votes_name 中将出现 50 个"张三"和 20 个"李四"。声明命令列表 key_words_list（详见难点分析—投票阶段—输入命令）。声明变量 voting、menu，voting 是用户输入的投票，menu 是菜单项中用户输入的命令或操作。

关键代码：

```
def append_vote(vote_list=[]):
    votes_name = [] #保存投票
    key_words_list = ['stop','delete_last','clear','menu'] #命令
    num_votes = 0
    while 1:
        num_votes+=1
        voting = input('输入命令或者指定投票给:').strip() #输入候选人名进行投票
        if voting in key_words_list: #当输入的内容是命令中的一条时
            print('运行命令成功')
            if voting == 'stop': #当输入命令 stop 时
                break
            if voting == 'delete_last': #当输入命令 delete_last 时
                votes_name.pop()
            if voting == 'clear': #当输入命令 clear 时
                votes_name = []
            if voting == 'menu': #当输入命令 menu 时
                print('进入菜单页')
        elif voting in [str(i) for i in range(1,len(vote_list)+1)]: #实现按序号对应候选人名投票
```

```
            votes_name.append(vote_list[int(voting)-1])
            print('投票%s 成功'%vote_list[int(voting)-1])
    elif voting not in vote_list: #当投票人不在候选人名中时，给出提示
            name = ','.join(vote_list)
            print('请投票给: %s  其中一人'%name)
    else:
            votes_name.append(voting) #向 votes_name 中添加投票
            print('投票%s 成功'%voting)
    menu = input('是否继续投票(任意键:继续，stop:结束投票，help:查看命令，stats:查看当
前统计信息): ').strip() #进入菜单选项，除了输入命令，其他任意键都会继续投票
    if menu == 'stop': #当在菜单选项输入 stop 命令时
            break
    if menu == 'help': #当输入 help 命令时
            print('内置命令：')
            print('1.stop:输入 stop 结束投票')
            print('2.delete_last:输入 delete_last 删除上一条投票')
            print('3.clear:输入 clear 删除所有投票')
            print('4.menu:回到菜单选择')
            print('------------------------------------------')
    if menu == 'stats': #当输入 stats 命令时，调用计数函数与描述函数，输出统计结果
            count = counter(votes_name)
            describe(count,temp=True)
return votes_name
```

注意

➢ 在投票时，可以输入投票或命令，在菜单选项选择时，也可以输入命令，二者的命令是不同的，但是都有 stop 命令。

➢ counter()函数和 describe()函数将在票数统计中介绍。

3. 票数统计

票数统计阶段将分为 3 个函数实现：counter()票数统计、sort_by_value()统计后排序、describe()统计信息描述。其中，counter()函数接收 votes_name 列表作为参数，将 votes_name 列表中的 "['张三', '张三', '张三', '李四', '张三 ……, '李四']" 形式转换为字典计数形式 "{'张三':40, '李四':20}"。sort_by_value()和 describe()函数将以 counter()函数返回的字典作为参数，运行排序和统计的一些方法。

（1）counter()函数

使用字典实现计数器是最常用的方式。首先声明空字典 count_dict，之后循环参数 votes_name 也就是装有投票的列表，判断元素是否在字典中，如果在字典中，则对该元素的值加 1；如果不在字典中，则创建该元素，并将该元素的值赋值为 1。

关键代码：

```
def counter(votes_name):
    count_dict = {}
    for i in votes_name:
```

```
        if i in count_dict:
            count_dict[i] += 1
        else:
            count_dict[i] = 1
    return count_dict
```

（2）sort_by_value()函数

当票数统计出来后，需要对其排序，并且设置取前 n 名的机制。如果候选人名非常多，可以只取出前 10 名做统计输出。声明一个列表存储票数与候选人名，使用 list 自带函数 sort()进行排序。

关键代码：

```
def sort_by_value(votes,top_k = None): #votes 参数是计数字典、top_k 是输出前 k 个值
    items=votes.items()    #取出字典中的 items，每个 items 是一个 key-value 对
    backitems=[[v[1],v[0]] for v in items]    #将其取出放到列表中
    backitems.sort(reverse=True) #排序
    if top_k:    #如需要设置限制输出 k 个时
        return backitems[:top_k]
    else:
        return backitems
```

 注意

> votes.items 返回值是 dict_item 类型，是一个可迭代对象，其中每一个元素是一个元组。v[0]是键，也就是候选人名，例如"张三"，v[1]是值，也就是票数，例如：40。

（3）describe()函数

describe()函数用于输出统计数据，例如：总票数、平均得票数、每个候选人得票百分比等。统计数据可在两处输出：

➢ 在投票阶段进入菜单选项时，可以通过"stats"命令进行临时输出。

➢ 在投票结束后进行输出。

在 describe()函数中设置了 temp 参数，用来确认它在哪里输出，两处输出结果的内容会有些许不同。声明变量 sum_votes 用来计算总票数，声明变量 mean_votes 用来计算平均票数。

关键代码：

```
def describe(votes,temp=False):
    sum_votes = sum([v for v in votes.values()])    #求总票数
    if len(votes) ==0:    #异常处理
        mean_votes = '没有投票，无法计算平均票数'
    else:
        mean_votes = sum_votes/len(votes)
        mean_votes = float('%.2f'%mean_votes)
    if temp is True: #设置标记，如果是临时输出，即使用命令 stats 输出时
        print('目前总票数为：%s'%str(sum_votes))
```

```
else: #在最后输出时
    print('总票数: %s'%str(sum_votes))
    print('平均票数: %s' % mean_votes)
final = sort_by_value(votes,10)    #当候选人名大于 10 时，只取前十
for ind,i in enumerate(final):
    if temp is True:
        print('目前投票数第%s 名是%s，票数为:%s, 占总票数: %.2f%%' % (str(ind+1),i[1],
str(votes[i[1]]),100*i[0]/sum_votes))    #输出信息: 排名、票数、票数百分比
    else:
        print('本次投票数第%s 名是 %s ,票数为:%s, 占总票数: %.2f%%' % (str(ind+1),i[1],
str(votes[i[1]]),100*i[0]/sum_votes))
```

注意

➤ describe()函数中出现的 temp 参数，是在以后的学习和工作中经常会用到的标记方法，就是通过标记来决定程序的执行。

➤ 通过 if-else 进行异常处理参考难点分析—统计阶段。

➤ enumerate()函数称为枚举函数，接收列表作为参数，返回列表的索引值与列表对应的值，例如 enumerate(['a', 'b', 'c'])，返回[(0, 'a'),(1, 'b'),(2, 'c')]。

4. 主运行函数

将所有模块函数编写完成后,通过一个主运行函数将所有功能模块函数串联在一起,再添加上描述信息等,就可以完成整个在线投票系统了。

关键代码:

```
def online_voting():
    print('欢迎使用在线投票系统')
    print('使用规则介绍: ')
    print('1.启动在线投票系统之后，会出现命令解释，这是在之后的投票过程中的一些功能命令')
    print('2.之后，系统会提醒您输入候选名单，例如本次投票的候选名单为(张三、李四)，我们
        需要一个一个按顺序输入其名字')
    print('3.输入完信息之后，需要按 enter 提交')
    print('在线投票系统已经开启')
    print('-------------------------------------')
    print('请输入本次投票的候选名单')
    print('如果发现候选人名填错，可以输入 delete 来删除上一个填入的候选人')
    vote_list = append_candidates()  #运行添加候选人函数
    seq_vote_list = [str(i)+'.'+vote_list[i-1] for i in range(1,len(vote_list)+1)] #打印出带序号的候选
                                                    人名

    name = ' ,'.join(seq_vote_list)
    print('本次投票候选名单为   %s'%name)  #打印最终候选人名
    print('请输入候选名单的内容，或者输入其序号，例如: 输入 1 代表投票给候选名单的第一位')
    print('-------------------------------------')
    print('投票内置命令如下: ')
```

```
print('1.stop:输入 stop 结束投票')
print('2.delete_last:输入 delete_last 删除上一条投票')
print('3.clear:输入 clear 删除所有投票')
print('4.menu:回到菜单选择')
print('------------------------------------------')
votes = append_vote(vote_list=vote_list)    #运行投票函数
votes_count = counter(votes)    #运行计数函数
print('投票已经结束')
print('------------------------------------------')
print('输出统计信息：')
describe(votes_count)    #运行统计描述输出函数
```

注意

seq_vote_list 变量用于输出带序号的候选人名，例如最终候选人名列表是['张三', '李四']，调用该变量后，原列表将转换为['1.张三', '2.李四']，这样可以更好地提示用户候选人名对应的编号。

本章总结

通过完成"在线投票系统"，进一步加深读者对程序、变量和数据类型的理解，使读者能够熟练使用顺序结构、选择结构、循环结构和跳转语句，加强读者对列表和字典的理解，并且能使用 if-else 完成简单的异常处理。

本章作业

独立完成"在线投票系统"。

第 7 章

程序调试方法

本章资源下载

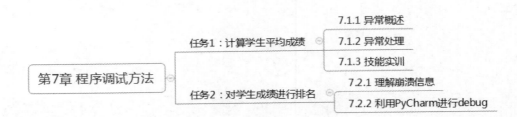

异常处理机制已经成为主流编程语言的必备功能，它使程序的异常处理代码和业务逻辑代码分离，提高了程序的安全性和可维护性。使用 PyCharm 进行异常调试也是实际工作和学习中经常遇到的工作，人们不可能保证自己的代码每次运行都是没有错误的，所以快速找出并解决这些错误也成为程序员必备的技能。

任务 1　计算学生平均成绩

【任务描述】

实现一个计算学生平均成绩的程序，每一次录入成绩的人可能不同，所以为了避免粗心的同学将成绩录错而闹笑话，需要在程序中利用异常处理机制来处理出现的异常情况。在完成这个任务的过程中，逐步认识异常、掌握异常处理的方法。

【关键步骤】

（1）认识异常。

（2）掌握异常处理的方法。

（3）会使用 raise 主动抛出异常。

7.1.1　异常概述

1. 认识异常

异常是在程序运行过程中发生的非正常事件，这类事件可能是程序本身的设计错误，也可能是外界环境发生了变化，如网络连接不通、算术运算出错、遍历列表超出范围、导入的模块不存在等，异常会中断正在运行的程序。

示例 1

要求完成一个计算学生平均成绩的程序，有同学写了以下函数：

```
def mean_points(score=[],names=[]):
    all_score = sum(score)
    mean_score = all_score/len(names)
    return mean_score
```

录入成绩的小明使用这个函数来计算学生平均成绩。总共有 5 名同学的成绩，分别是：张三、小明、李雷、韩梅梅、王美美，他们的成绩分别是：83、78、69、93、57。

分析：

mean_points 函数需要输入两个参数，分别是 score 和 names，要将 5 名同学的名字和成绩放入列表中，然后以参数的形式传入 mean_points 函数中。

关键代码：

```
score = [83,78,69,93,57]
mean_score = mean_points(score)
print(mean_score)
```

输出结果：

```
ZeroDivisionError: division by zero
```

从结果可以看出，代码运行出现了异常，程序抛出了一个 ZeroDivisionError 的错误信息，具体原因是小明粗心，忘记将学生姓名填入，导致 mean_points 函数中的 names 参数是一个空列表，所以 len(names)等于 0，在除法运算中，除数为 0 导致异常发生，最终导致程序终止。

2. **常见的异常**

在 Python 中，不同原因导致的异常说明是不同的，比如示例 1 中，由于计算时除数为 0 导致的异常会在控制台输出 ZeroDivisionError 异常说明。在 Python 中类似的异常有很多，常见的有以下这些。

（1）NameError

当程序尝试访问一个未声明的变量或者函数时，会引发 NameError 异常。

示例 2

变量名输错时，在调用的时候会引发 NameError 异常。

关键代码：

```
score = 80
print(socre)
```

输出结果：

```
NameError: name 'socre' is not defined
```

可以看出，由于粗心将变量名 score 写成了 socre，使用时发现变量未被定义，程序抛出了 NameError 的异常。

（2）ZeroDivisionError

在计算的过程中，当有除数为 0 的情况发生时，会引发 ZeroDivisionError 异常。在示例 1 中已经描述了这种异常。

（3）SyntaxError

当程序出现语法错误时，会引发 SyntaxError 异常。

示例 3

关键代码：

```
list = ['a','b','c']
for i in list
    print(i)
```

输出结果：

for i in list ^

SyntaxError: invalid syntax

从输出结果可以看出，在 for 循环的最后没有加上冒号，导致了语法异常。

（4）IndexError

当使用序列中不存在的索引时，会引发 IndexError 异常。

示例 4

关键代码：

list = ['a','b','c']

print(list[3])

输出结果：

indexError: list index out of range

从输出结果可以看出，列表的索引值超出了列表的范围，从而导致异常。

（5）KeyError

当使用字典中不存在的键时，会引发 KeyError 异常。

示例 5

关键代码：

Dictionary = {'name':'zhangsan'}

Print(Dictionary['age'])

输出结果：

KeyError: 'age'

更多常见
异常

从输出结果可以看出，当出现字典中没有的键时，会抛出 KeyError
异常。

7.1.2　异常处理

1. 异常处理

异常处理就像人们平时对可能遇到的意外情况，预先想好了一些处理方法。若发生了异常，程序会按照预定的处理方法对异常进行处理，异常处理完毕后，程序继续运行。Python 处理异常的能力非常强大，它可以准确地反馈错误信息，帮助定位异常发生的位置。Python 提供的 try-except 语句和 try-except-finally 语句都能非常方便地处理异常。

2. 使用 try-except 处理异常

Python 中提供了 try-except 结构的语句来进行异常的捕获和处理，把可能出现异常的代码放入 try 语句块中，并使用 except 语句块来处理异常。

【语法】

```
try:
    …#语句块 1
    #尝试运行语句块 1
except ErrorName1:
```

　　　…#语句块 2

　　　#如果语句块 1 触发 ErrorName1 这种异常，运行语句块 2

except ErrorName2 as e:

　　　…#语句块 3 例如：print(e)

　　　#如果语句块 2 没运行，且语句块 1 触发了 ErrorName2 这种异常，运行语句块 3

… #except ErrorName 这个语句可以有多个。类似于 elif

except:

　　　…#语句块 4

　　　#当代码 1 出现异常，但不是 ErrorName1 和 ErrorName2 的其他异常，运行语句块 4

else:

　　　…#语句块 5

　　　#如果语句块 1 运行正常，则运行语句块 5，否则不运行

主要关键字：

➢　try：执行可能会出错的试探性语句，即这里的语句可能导致致命性错误，使程序无法继续执行下去。

➢　except：如果在 try 语句块中无法正确执行，那么就执行 except 语句块里面的语句，这里可以是打印错误信息或者其他的可执行语句。

➢　else：如果 try 语句块可以正常执行，那么就执行 else 里面的语句。

 注意

　　（1）如果 try 语句块在执行过程中某一句代码发生异常，try 语句块中该句代码之后的代码都将被忽略。

　　（2）当有多个 except ErrorName 语句块时，捕获异常的范围需要遵循"先小后大"的规则，例如想先对 IndexError 做具体处理，再对其他异常做统一处理时，可以先写 except IndexError，再写 except，这种规则与流程控制语句中的 elif 和 else 比较相似。

示例 6

在示例 1 中，小明在使用 mean_points 函数计算同学的平均成绩时，因为粗心导致程序出现异常，现需要改进 mean_points 函数，对粗心的工作做一下预防，也对可能发生异常的地方做一下补救，让程序不会因为一些粗心的异常导致崩溃。

分析：

➢　可以使用 try-except 语句来做异常处理。

➢　将有可能出现异常的代码放在 try 语句块内，将异常的处理方法放在 except 语句块中。

关键代码：

```
def mean_points(score=[],names=[]):
    try:
        all_score = sum(score)
        mean_score = all_score/len(names)
        print('学生平均分是：%.2f'%mean_score)
```

```
        except ZeroDivisionError:
                print ('出现了被 0 除的情况，很可能是没有添加学生名字列表')
        else:
                print ('运行成功')
    score = [83,78,69,93,57]
    mean_points(score)
```
输出结果：

出现了被 0 除的情况，很可能是没有添加学生名字列表

对之前的 mean_points 函数进行了改进，以后遇到粗心的同学忘记填学生姓名列表，也不会导致程序崩溃了。

示例 7

在 mean_points 函数中添加功能，在输出的结果中可以显示每一位同学高于或者低于平均分多少分。

关键代码：

```
def mean_points(score=[],names=[]):
    try:
            all_score = sum(score)
            mean_score = all_score/len(names)
            print('学生平均分是：%.2f'%mean_score)
            for i in range(len(score)):
                    print('%s 比平均分高:%d'%(names[i],score[i]-mean_score)
        except ZeroDivisionError:
            print ('出现了被 0 除的情况，很可能是没有添加学生名字列表')
        else:
            print ('运行成功')
score = [83,78,69,93,57]
names=['张三','小明','李雷','韩梅梅']    #这里如果添加上王美美的名字则可以正常运行
mean_points(score,names)
```
输出结果：

学生平均分是：95

IndexError:list index out of range

从输出结果可以发现，学生姓名列表少添加了一个学生，导致索引出界的异常出现，所以还需要对整个函数进行改良，以保证程序不崩溃。

 注意

> 在示例 7 中，如果在 names 列表中再添加一个名字，是可以正确输出结果的，读者不妨自己动手试试看。

示例 8

为示例 7 中的程序加上异常处理，避免程序运行出现崩溃。

分析：

在示例 7 中，mean_points 函数只对除数是 0 的异常进行处理，没有对索引异常进行处理，由于无法确定到底还会有哪种类型的异常出现，在本例中使用 except BaseException 来对除了 ZeroDivisionError 之外的所有异常做统一的处理。

关键代码：

```
def mean_points(score=[],names=[]):
    try:
        all_score = sum(score)
        mean_score = all_score/len(names)
        print('学生平均分是：%.2f'%mean_score)
        for i in range(len(score)):
            print('%s 比平均分高:%d'%(names[i],score[i]-mean_score)
    except ZeroDivisionError:
        print '出现了被 0 除的情况，很可能是没有添加学生名字列表'
    except BaseException as e:
        print '出现了%s 错误，请仔细检查'%e
    else:
        print ('运行成功')
score = [83,78,69,93,57]
names=['张三','小明','李雷','韩梅梅']
mean_points(score,names)
```

输出结果：

学生平均分是：95
张三比平均分高：-12
小明比平均分高：-17
李雷比平均分高：-26
韩梅梅比平均分高：-2
出现了 list out of range 错误，请仔细检查

从输出结果可以看出，虽然平均分计算是有误的，也提示有异常出现，但是程序最终没有崩溃。一个能有效预防异常的函数 mean_points() 就开发完成了。

 注意

在示例 8 中，出现了 BaseException，它表示任何类型的异常。

3. 使用 try-except-finally 进行异常处理

在 Python 中，还有一种处理异常的语句，也是 try-except 语句的一个扩展，它就是 try-except-finally 语句。

【语法】

```
try:
    ...#语句块 1
```

```
        #尝试运行语句块 1
except:
        …#语句块 2
        #如果语句块 1 发生异常，语句块 2 运行
…#中间可以有多个 except ErrorName
finally:
        …#语句块 3
        #不管语句块 1 或 2 运行，语句块 3 都运行
```

从语法中可以看出，与 try-except 语句的区别就是多了 finally 语句块，可以理解成无论之前 try-except 中有什么内容，finally 中的内容都会被执行。

示例 9

需要在示例 8 的 mean_points()函数中添加一个功能，要求无论输入什么内容，都能输出时间戳。

分析：

实现这个功能有两种方法：

（1）在 try 语句块和所有的 except 语句块中，都加上输出时间戳的方法，这样就能保证无论程序运行是否正常，都能输出时间戳。

（2）利用 try-except-finally 语句，在 finally 语句块中实现输出时间戳的方法。

最容易想到的是第一种方法，但是第一种方法造成了很多冗余的代码，相比来说第二种方法更好。

关键代码：

```
import datetime
def mean_points(score=[],names=[]):
    try:
        all_score = sum(score)
        mean_score = all_score/len(names)
        print('平均分是：%.2f'%mean_score)
        for i in range(len(score)):
            print('%s 比平均分高:%d'%(names[i],score[i]-mean_score)
    except ZeroDivisionError:
        print '出现了被 0 除的情况，很可能是没有添加学生名字列表'
    except BaseException as e:
        print ('出现了%s 错误，请仔细检查'%e)
    finally:
        print('现在的时间是：%s'%datetime.datetime.today())
score = [83,78,69,93,57]
names=['张三','小明','李雷','韩梅梅','王美美']
mean_points(score,names) # try 语句块运行
mean_points(score)# 出现异常，except 语句块运行
```

输出结果：

平均分是：76.00

张三比平均分高：7

小明比平均分高：2

李雷比平均分高：-7

韩梅梅比平均分高：17

王美美比平均分高：-19

现在的时间是：10:41:39.114194 #程序没出现异常时输出时间戳

division by zero

现在的时间是：10:41:39.114194 #程序出现异常时输出时间戳

从输出结果可以看出，不管 try 语句块是否出现异常，最终时间都已经输出了。try-except-finally 语句比较适合执行一些终止行为，例如：关闭文件、释放锁等。

注意

在示例 9 中引用了 datetime 模块，该模块是一个与日期和时间相关的常用模块，本示例使用了 datetime.datetime 中的 today()方法，返回的是当前计算机的时间。

4. 使用 raise 抛出异常

在 Python 中，程序运行出现错误时就会引发异常。但是有时候，也需要在程序中主动抛出异常，执行这种操作可以使用 raise 语句。

【语法】

```
raise ErrorName #抛出 ErrorName 的异常
raise ErrorName()#抛出 ErrorName 的异常
raise    #重新引发刚刚发生的异常
```

ErrorName 是异常名，类似于 IndexError、ZeroDivisionError 等。

从语法中可以看出，raise 语句可以主动抛出各种类型的异常，也可以重新引发之前刚刚发生的异常。使用 raise 抛出异常时，还可以自定义描述信息。

示例 10

关键代码：

```
print('raise 语句演示')
raise IndexError('仔细观察一下，是否索引引用出界了')
```

输出结果：

```
raise 语句演示
IndexError: 仔细观察一下，是否索引引用出界了
```

示例 11

在之前示例 9 的 mean_points()函数中，小明想添加一个新功能。当平均分高于 100 时，自动抛出 BaseException 异常，并且在描述中写上"平均分输入有误，请仔细检查"。

分析：

当平均分高于 100 时，很大可能是由于平均分输入有误，可以使用 raise 主动对这种情况抛出异常，并用 try-except 语句进行异常处理。

关键代码：

```
def mean_points(score=[],names=[]):
    try:
        all_score = sum(score)
        mean_score = all_score/len(names)
        if mean_score>100:
            raise BaseException('分数输入有误，请仔细检查')
        print('平均分是：%.2f'%mean_score)
        for i in range(len(score)):
            print('%s 比平均分高:%d'%(names[i],score[i]-mean_score))
    except BaseException as e:
        print(e)
    finally:
        print('现在的时间是：%s'%datetime.datetime.today())
score = [183,178,69,93,57]
names=['张三','小明','李雷','韩梅梅','王美美']
mean_points(score,names)
```

输出结果：

平均分是：116.00
分数输入有误，请仔细检查
现在的时间是：13：31：17.992399

从输出结果可以看出，不小心输错了张三和小明的成绩，导致平均分超过了 100，抛出 BaseException 异常之后，跳转到 except BaseException 语句块中，该语句块执行命令打印异常信息，于是把描述的内容"平均分输入有误，请仔细检查"打印了出来。

到这里，已经完成了一个计算学生平均成绩的函数，并且其中有比较完善的异常处理机制，包括对主动抛出的异常的处理，主要使用 try-except-finally 语句和 raise 语句进行异常处理，能够更有效地提高程序容错率和提示错误的能力。

7.1.3 技能实训

设计一个小游戏"谁先走到 17 谁就赢"。规则如下：

➤ 有两位参赛者，参赛者每次可以选择走 1 步、2 步、3 步。

➤ 两位参赛者交替走，谁走的路程相加先等于 17 谁获胜。

➤ 如果一方超过了 17 则判断为输，另一方直接赢得比赛。

要求在控制台交互，无论用户输入什么，程序都不能崩溃，并给出提示，引导用户输入正确的内容，例如，输入走几步的时候，如果没有输入 1、2、3 中的任意数字，需要提示输入有误，请重新输入。

分析：

➤ 使用 try-except 语句进行异常处理。

➤ 使用 while 循环，设置跳出条件，利用 break 跳出循环。

➤ 初始化步数为 0，每一次参赛者输入要走的步数后都会增加相应步数。

任务 2　对学生成绩进行排名

【任务描述】

小明想用冒泡排序算法对一个列表中的学生成绩进行排名，最终找出成绩最好的前三名进行奖励，但是小明在实现冒泡排序算法的时候遇到了困难，需要你帮他找出错误的地方。

【关键步骤】

（1）检查小明所写的冒泡排序函数中的错误。

（2）帮小明修改好错误。

7.2.1　理解崩溃信息

理解崩溃信息是调试异常的第一步，也是程序设计人员需要掌握的最基本能力。崩溃信息是程序运行过程中出现异常而崩溃时，打印出来的异常位置和异常信息。如图 7.1 所示，就是一段由于列表索引异常而出现的崩溃信息，之后会详细解释。

```
Traceback (most recent call last):
  File "D:/pycharm/yichangchuli/sort_points.py", line 13, in <module>
    s=bubble(points)
  File "D:/pycharm/yichangchuli/sort_points.py", line 8, in bubble
    if ls[j]>ls[j+1]:
IndexError: list index out of range
```

图7.1　崩溃信息

快速准确地理解崩溃信息，对调试程序的帮助非常大。

示例 12

小明用所学知识写了冒泡排序算法，用来对学生成绩进行排名。

小明写的冒泡排序算法如下：

```python
def bubble(ls):
    for i in range(len(ls)-1):
        for j in range(len(ls)-i):
            if ls[j]>ls[j+1]:
                ls[j],ls[j+1] = ls[j+1], ls[j]
    return ls
```

班上 10 位同学的成绩分别是 86、73、89、91、77、63、68、69、84、51，现在小明使用上述算法对这 10 位同学的成绩进行排序，找出前三名。

关键代码：

```python
points = [86,73,89,91,77,63,68,69,84,51]
order_points = bubble(points)
print(order_points)
```

输出结果：

Traceback (most recent call last):
File "D:/PyCharm/yichangchuli/sort_points.py", line 13, in <module>
order_points=bubble(points)
File "D:/PyCharm/yichangchuli/sort_points.py", line 8, in bubble
if ls[j]>ls[j+1]:
IndexError: list index out of range

输出结果第一行是提示程序出现异常，崩溃所追溯到的信息如下。接下来就是详细的崩溃信息。程序异常发生在 "D:/PyCharm/yichangchuli/sort_points.py" 文件的第 13 行中，order_points=bubble(points)有错误并且该错误是由 "D:/PyCharm/yichangchuli/sort_points.py" 文件中的第 8 行 if ls[j]>ls[j+1]: 代码造成的，异常为索引超出了界限。

在本示例中，代码所处的位置在 "D:/PyCharm/yichangchuli/sort_points.py"。

输出结果中倒数第一行和第二行为确切的引起程序崩溃的原因和精确位置，显然本例中直接导致崩溃的是 "if ls[j]>ls[j+1]:" 这行代码，原因是索引越界，前面也有提示说 order_points=bubble(points)有错误，这是因为 Python 语句运行的顺序和耦合性造成的。上述崩溃信息的意思是程序运行到这个函数的时候报错了，然后再追踪进入函数内部发现有一行代码报错，形成一个"追踪"的链条，但是定位到最细致的地方是依靠最后的两行。

冒泡排序
算法视频
讲解

7.2.2 利用 PyCharm 进行 debug

上一小节我们通过崩溃信息来帮助调试程序，接下来通过工具辅助调试程序，从而提高以后的工作效率。

PyCharm 的代码调试（debug）功能非常强大，除了普通的断点调试，还可以通过扩展插件，实现在调试模式下与 IPython 交互。本节主要介绍利用 PyCharm 进行断点调试。

1．设置断点

PyCharm 提供了多种不同类型的断点，并设有特定的图标。这里只介绍行断点，即标记了一行待挂起的代码。当在某一行上设置了断点之后，通过调试模式运行程序，程序会在断点处停止，并且在调试面板中输出变量、函数等信息。

关于断点需要了解以下内容。

➤ 通过鼠标左键单击 PyCharm 编辑区域中序号和代码内容中间的区域可以设置断点，见图 7.2。

```
1
2      points = [86,73,89,91,77,63,68,69,84,51]
3
4
5    def bubble(ls):
6        for i in range(len(ls)-1):
7            for j in range(len(ls)-i):
8                if ls[j]>ls[j+1]:
9                    ls[j],ls[j+1] = ls[j+1],ls[j]
10        return ls
```

图7.2　设置断点

➢ 可以设置多个断点，程序会按照代码执行的顺序进入断点。上一个断点检查完，可以手动让程序继续执行，到达下一个断点处程序又将进入断点。

➢ 在项目代码较多时，如果想要选择性地让某一些断点允许程序进入，而另一些断点希望程序暂时忽略，可以在断点位置单击鼠标右键，将 Suspend 选项取消勾选即可，如图 7.3 所示。

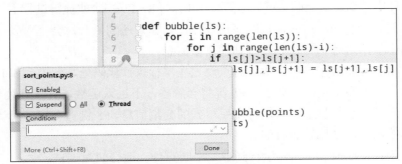

图7.3 设置忽略断点

2. 进入调试模式界面

设置完断点之后单击 PyCharm 页面中右上角的小蜘蛛形状按钮，可以使程序进入调试模式运行，如图 7.4 所示。

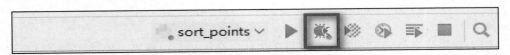

图7.4 使用调试模式运行程序

当程序进入断点时，PyCharm 会出现调试模式界面，这个界面在整个页面的下方，如图 7.5 所示，方框的区域都属于调试模式的内容。

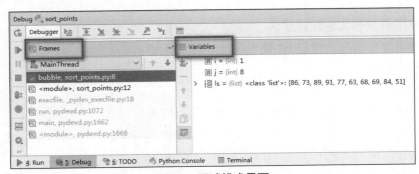

图7.5 调试模式界面

在调试界面中，最左边有一列与正常运行模式相似的图标，也有暂停、停止、启动等功能。在显示区域中有两个模块，一个模块是 Frames，另一个模块是 Variables。Frames 主要用于比较大型繁杂的系统，可以查看各个模块、类、方法的各种耦合结构。本节中不做探究，Variables 中主要显示的是变量的内容，包括类型、值等。

（1）查看变量信息

通过 Variables 模块中的信息，可以查看程序进入断点时所有的变量信息，包括变量当前的值或内容、变量的类型等，从中发现蛛丝马迹来最终确定程序崩溃的原因。

（2）常用快捷键

如果在循环中设置断点，程序第一次进入断点是在第一次循环的时候，之后如果想查看变量在循环中是如何变化的，可以通过使用 F7、F8、F9 三个快捷键进行下一个操作。

➤ F7 键：step into 进入，按顺序逐行停止，如果遇到函数，会进入到函数内，并在调试界面中显示运行该行代码后得到的变量信息。

➤ F8 键：step over 单步，如果断点设置在一行执行代码处，效果会和 F7 键一样；如果断点设置在函数调用的代码上，F8 键将会忽略，不进入函数，直接外跳到下一行。但是调试界面中仍然会显示函数运行之后得到的变量信息，F8 键适合已经确认某个函数没有错误时的调试，会比较省时间。

➤ F9 键：resume program 运行到下一个断点处，适合快速调试。

➤ Shift + F8 组合键：跳出函数，当进入函数内，可以使用 Shift+F8 组合键：跳出函数。

示例 13

利用常用快捷键和断点调试的方式，对小明写的程序进行调试，找出崩溃的原因并对程序进行修改完善。

分析：

因为崩溃信息是索引越界，可以思考为什么会引起索引越界，通过代码调试查看变量的变化情况，重点看列表长度、列表索引值等变量，更容易找出异常的具体原因。

实现步骤：

（1）在直接找到异常的地方设置断点，也就是在程序的第 8 行 "if ls[j]>ls[j+1]:" 设置。

（2）使用调试模式运行程序。

（3）查看变量情况，使用 F9 键逐步进行调试。

（4）找出原因。

关键截图：

首先在第 8 行设置断点，运行调试模式，如图 7.6 所示。

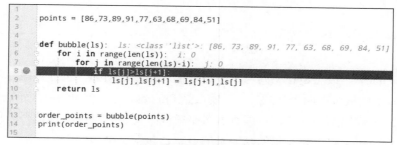

图7.6　运行调试模式

继续按 F9 键逐步观察变量变化，当循环到第 10 次时，如图 7.7 所示。

```
1
2       points = [86,73,89,91,77,63,68,69,84,51]
3
4
5       def bubble(ls):   ls: <class 'list'>: [73, 86, 89, 77, 63, 68, 69, 84, 51, 91]
6           for i in range(len(ls)):   i: 0
7               for j in range(len(ls)-i):   j: 9
8                   if ls[j]>ls[j+1]:
9                       ls[j],ls[j+1] = ls[j+1],ls[j]
10          return ls
11
12
13      order_points = bubble(points)
14      print(order_points)
15
```

图7.7　代码调试

可以发现，这时的 i=0，j=9。由于第 8 行中有索引 ls[j+1]，当 j=9 时，相当于 ls 索引了第 10 个元素。但是列表的总长度为 10，最大的索引值只能是 9，确实越界了。问题是出在这里。再一次回想冒泡排序的逻辑，将第 7 行改成：for j in range(len(ls)-i-1)。之后发现程序运行正常，异常已经被修复。

正常运行程序后输出：

[51,63,68,69,73,77,84,86,89,91]

任务到这里已经完成了，帮助小明解决了他写的冒泡排序算法的问题，同时也取出了前三名同学的成绩，分别是 91，89，86。

本章总结

➢　异常就是在程序运行过程中发生的异常事件。

➢　在 Python 中，可以使用 try-except 和 try-except-finally 语句实现异常处理。

➢　try 语句块中放入有可能出现异常的代码，except 语句块中放入异常处理代码，finally 语句块中放入必须执行的代码。

➢　可以在 try 语句块之后跟多个 except 语句块。

➢　通过 raise 关键字可以主动抛出异常。

➢　代码调试中，F7 键调试最详细但最慢，F8 键次之但较快，F9 键简略但是最快。

本章作业

1．简答题

列出 Python 中至少 5 种常见异常。

2．编码题

（1）编写一个能够产生 IndexError 异常的程序并将其捕获，在控制台输出异常信息。

（2）编写一个存储学生成绩的小程序，如果输入的成绩小于 0 或大于 100，提示异常信息"输入有误，请输入正确的成绩信息。"如果输入的成绩在 0～100，则存储信息；如果输入的有效成绩达到 5 个，则退出程序并在控制台打印这 5 个有效成绩。

（3）在第（2）题的基础上增加功能，无论是否出现异常，都在控制台打印输出目前的时间戳。

（4）找出下面的问题所在，并修改好。

下面这段代码是使用 Python 实现将列表中的数与它相邻的数求均值并输出。例如：

ls = [15,8,7,9,8]

输出结果为：

[11.5,10,8,8,8.5]

可以看出，中间的数是与其左右两个数一起求均值，而第一个数和最后一个数则只与其相邻的一个数求均值。函数代码如下：

```
def mid_mean(ls):
    new_list = []
    for i in range(len(ls)):
        new_item = (ls[i-1]+ls[i]+ls[i+1])/3
        new_list.append(new_item)
return new_list
```

将 ls=[15,8,7,9,8]传入 mid_mean()函数中会报错，请你帮忙解决。

第 8 章

面向对象编程

技能目标

- ➤ 理解面向对象的编程思想
- ➤ 掌握定义类的方法
- ➤ 掌握创建对象的方法
- ➤ 掌握如何在类中定义变量和方法
- ➤ 理解并掌握继承的方法
- ➤ 掌握实现多继承的方法

本章任务

任务 1：使用面向对象的编程思想定义银行员工类
任务 2：使用继承根据职位创建银行员工类的子类

本章资源下载

面向对象是一种经常用到的编程思想。在实际的开发中，是通过类来实现面向对象编程的。使用面向对象编程时需要深刻理解面向对象的三大特性。熟练掌握面向对象的编程思想能够提高代码的可维护性和可扩展性。

任务 1　使用面向对象的编程思想定义银行员工类

【任务描述】

本任务根据银行员工的特点和行为，使用面向对象的编程思想定义银行员工类，并为其添加属性和方法。

【关键步骤】

（1）理解面向对象的编程思想。

（2）理解属性和方法的区别。

（3）定义银行员工类。

（4）给银行员工类添加属性和方法。

8.1.1　面向对象的编程思想

在之前的章节中，解决问题的方式是先分析解决这个问题需要的步骤，然后用流程控制语句、函数把这些步骤一步一步地实现出来。这种编程思想被称为面向过程编程。面向过程编程符合人们的思考习惯，容易理解。最初的程序也都是使用面向过程的编程思想开发的。

随着程序规模的不断扩大，人们不断提出新的需求。面向过程编程可扩展性低的问题逐渐凸显出来，于是提出了面向对象的编程思想。面向对象的编程不再根据解决问题的步骤来设计程序，而是先分析谁参与了问题的解决。这些参与者就被称为对象，对象之间相互独立，但又相互配合、连接和协调，从而共同完成整个程序要实现的任务和功能。

面向对象编程具备三大特性：封装、继承和多态。这三大特性共同保证了程序的可扩展性需求。

Python 从设计之初就已经是一门面向对象的语言了，因此在 Python 中可以很容易地实现面向对象编程。

8.1.2　类和对象

1．使用类创建实例对象

面向对象编程的基础是对象，对象是用来描述客观事物的。当使用面向对象的编程思想解决问题时，要对现实中的对象进行分析和归纳，以便找到这些对象与要解决的问题之间的相关性。例如，一家银行里有柜员、大客户经理、经理等角色，他们都是对象，但是他们分别具有各自不同的特征。比如他们的职位名称不同，工作职责不同，工作地点不同等。

这些不同的角色对象之间还具备一些共同的特征。比如所有的银行员工都有名字、工号、工资等特征；此外还有一些共同的行为，比如每天上班都要打卡考勤，每个月都从公司领工资等。在面向对象编程中将这些共同的特征（类的属性）和共同的行为（类的方法）抽象出来，使用类将它们组织到一起。

下面来看如何定义一个类，在 Python 中使用关键字 class 定义类。

【语法】

```
class ClassName():
        定义类的属性和方法
```

class 关键字后面的 ClassName 是类名，类的命名方法通常使用单词首字母大写的驼峰命名法。类名后面是一个()，表示类的继承关系，可以不填写，表示默认继承 object 类，后面的内容中会详细介绍什么是继承。括号后面接 ":" 号表示换行，并在新的一行缩进定义类的属性或方法。当然，也可以定义一个没有属性和方法的类，这需要用到之前学过的 pass 关键字。

示例 1

创建一个银行员工的类，这个类不包含任何属性或方法。

关键代码：

```
class BankEmployee():
        pass
```

创建好类之后就可以使用这个类来创建实例对象。

【语法】

```
变量 = 类名()
```

示例 2

在示例 1 的基础上，创建两个银行员工实例对象 employee_a 和 employee_b，然后在控制台输出这两个实例对象的类型。

分析：

➢　使用 BankEmployee 类创建实例对象

➢　可以使用 type()方法查看变量的类型

关键代码：

```
class BankEmployee():
        pass
```

```
employee_a = BankEmployee()
employee_b = BankEmployee()
print(type(employee_a))
print(type(employee_b))
```
输出结果：

```
<class '__main__.BankEmployee'>
<class '__main__.BankEmployee'>
```

从控制台的输出可以看出，employee_a 和 employee_b 两个变量的类型都是 BankEmployee，说明这两个变量的类型相同，是由 BankEmployee 类创建的两个实例对象。

2. 给类添加实例方法

完成了类的定义之后，就可以给类添加变量和方法了。由于在 Python 中类的变量的情况有些复杂，下面先介绍在类中定义方法。

在类中定义方法与定义函数非常类似，实际上方法和函数起到的功能也是一样的，不同之处是一个定义在类外，一个定义在类内。定义在类外的称为函数，定义在类内的称为类的方法。本章需要读者掌握的是最常用的一种方法的定义及使用——实例方法。顾名思义，实例方法是只有在使用类创建了实例对象之后才能调用的方法，即实例方法不能通过类名直接调用。

【语法】

```
def 方法名(self,方法参数列表):
    方法体
```

从语法上看，类的方法定义比函数定义多了一个参数 self，这在定义实例方法的时候是必需的，也就是说在类中定义实例方法，第一个参数必须是 self，这里的 self 代表的含义不是类，而是实例，也就是通过类创建实例对象后对自身的引用。self 非常重要，在对象内只有通过 self 才能调用其他的实例变量或方法。

示例 3

在示例 1 的基础上给 BankEmployee 类添加两个实例方法，实现员工的打卡签到和领工资两种行为。使用新的 BankEmployee 类创建一个员工对象，并调用他的打卡签到和领工资方法。

分析：

某个员工是真实存在的，所以是一个实例对象，因此这两个方法可以被定义成实例方法。

实现步骤如下。

（1）在 BankEmployee 类中定义打卡签到方法 check_in()，在方法中调用 print()函数，在控制台输出"打卡签到"。

（2）在 BankEmployee 类中定义领工资方法 get_salary()，在方法中调用 print()函数，在控制台输出"领到这个月的工资了"。

（3）使用 BankEmployee 类创建一个银行员工实例对象 employee。

（4）调用 employee 的 check_in()方法和 get_salary()方法。

关键代码：

```
class BankEmployee():
    def check_in(self):
        print("打卡签到")

    def get_salary(self):
        print("领到这个月的工资了")


employee = BankEmployee()
employee.check_in()
employee.get_salary()
```

输出结果：

打卡签到

领到这个月的工资了

从示例 3 的代码可以看到，实例对象通过"."来调用它的实例方法。调用实例方法时并不需要给 self 参数赋值，Python 会自动把 self 赋值为当前实例对象，因此只需要在定义方法的时候定义 self 变量，调用时不用再考虑它。这点必须注意。

面向对象的编程思想视频讲解

另外，读者可以尝试一下，如果不创建实例对象，直接用类名是否也能够调用 check_in()和 get_salary()方法。

3．构造方法和析构方法

在类中有两个非常特殊的方法：__init__()和__del__()。__init__()方法会在创建实例对象的时候自动调用，__del__()方法会在实例对象被销毁的时候自动调用。因此__init__()被称为构造方法，__del__()被称为析构方法。

这两个方法即便在类中没有显式地定义，实际上也是存在的。在开发中，也可以在类中显式地定义构造方法和析构方法。这样就可以在创建实例对象时，在构造方法里添加上代码完成对象的初始化工作；在对象销毁时，在析构方法里添加一些代码释放对象占用的资源。

示例 4

在示例 3 的基础上给 BankEmployee 类添加构造方法和析构方法，在构造方法中向控制台输出"创建实例对象，__init__()被调用"，在析构方法中向控制台输出"实例对象被销毁，__del__()被调用"。

分析：

➢ 在实例对象创建时，添加自定义代码需要在类中定义__init__()方法。

➢ 在实例对象被销毁时，添加自定义代码需要在类中定义__del__()方法。

➢ 销毁实例对象使用 del 关键字。

关键代码：

```
class BankEmployee():
    def __init__(self):
```

```
        print("创建实例对象,__init__()被调用")
    def __del__(self):
        print("实例对象被销毁，__del__()被调用")

    def check_in(self):
        print("打卡签到")

    def get_salary(self):
        print("领到这个月的工资了")

employee = BankEmployee()
del employee
```

输出结果：

创建实例对象,__init__()被调用

实例对象被销毁，__del__()被调用

一般来说构造方法比较常用，必须好好掌握。

 注意

> 在示例 4 中，即便将代码中的 del employee 删除，在控制台上也会输出"实例对象被销毁，__del__()被调用"。输出的原因是程序运行结束时，会自动销毁所有的实例对象，释放资源。

4. 类的变量

对象的属性是以变量的形式存在的，在类中可以定义的变量类型分为实例变量和类变量两种。

（1）实例变量

实例变量是最常用的变量类型。

【语法】

self.变量名 = 值

通常情况下，实例变量定义在构造方法中，这样实例对象被创建时，实例变量就会被定义、赋值，因而可以在类的任意方法中使用。

在 Python 中的变量不支持只声明不赋值，所以在定义类的变量时必须给变量赋初值。常用数据类型的初值如表 8-1 所示。

表 8-1　常用数据类型的初值

变量类型	初值
数值类型	value = 0
字符串	value = ""
列表	value = []
字典	value = {}
元组	value = ()

示例 5

在示例 4 的基础上，给 BankEmployee 类添加 3 个实例变量：员工姓名、员工工号、员工工资。将员工姓名赋值为"李明"，员工工号赋值为"a2567"，员工工资赋值为 5000，然后将员工信息输出到控制台上。

分析：

➢ 为了让实例变量在创建实例对象后一定可用，应在构造方法 __init__() 中定义这 3 个变量。

➢ 员工姓名是字符串类型，员工工号是字符串类型，员工工资是数值类型，定义变量时要赋予变量合适的初值。

➢ 创建好实例对象后，完成对实例变量的赋值。

关键代码：

```python
class BankEmployee():
    def __init__(self):
        self.name = ""
        self.emp_num = ""
        self.salary = ""

    def check_in(self):
        print("打卡签到")

    def get_salary(self):
        print("领到这个月的工资了")

employee = BankEmployee()
employee.name = "李明"
employee.emp_num = "a2567"
employee.salary = 5000
print("员工信息如下：")
print("员工姓名：%s" % employee.name)
print("员工工号：%s" % employee.emp_num)
print("员工工资：%s" % employee.salary)
```

输出结果：

```
员工信息如下：
员工姓名：李明
员工工号：a2567
员工工资：5000
```

在示例 5 中，因为 3 个实例变量是在 __init__() 方法中创建的，所以创建实例对象后，就可以对这 3 个变量赋值了。实例变量的引用方法是实例对象后接".变量名"，这样就可以给需要的变量赋值。

在类中使用实例变量容易出错的地方是忘记了变量名前的 "self."。如果在编程中缺少了这部分，那么使用的变量就不是实例变量了，而是方法中的一个局部变量。局部变量的作用域仅限于方法内部，与实例变量的作用域是不同的。

示例 5 的代码是先创建实例对象再进行实例变量赋值，这样的写法很烦琐。Python 允许通过给构造方法添加参数的形式将创建实例对象与实例变量赋值结合起来。

示例 6

通过给__init__()构造方法添加参数，实现与示例 5 相同的效果。

分析：

给__init__()方法添加 3 个新的参数：name、emp_num 和 salary，达到在__init__()方法中给实例变量赋值的目的。

关键代码：

```
class BankEmployee():
    def __init__(self, name = "", emp_num = "", salary = 0):
        self.name = name
        self.emp_num = emp_num
        self.salary = salary

    def check_in(self):
        print("打卡签到")

    def get_salary(self):
        print("领到这个月的工资了")

employee = BankEmployee("李明","a2567",5000)
print("员工信息如下：")
print("员工姓名：%s" % employee.name)
print("员工工号：%s" % employee.emp_num)
print("员工工资：%d" % employee.salary)
```

输出结果：

```
员工信息如下：
员工姓名：李明
员工工号：a2567
员工工资：5000
```

从示例 6 的代码可以看出，当创建实例对象时，实际上调用的就是该对象的构造方法，通过给构造方法添加参数的方式，就能够在创建对象时完成初始化操作。对象的方法和函数一样也支持位置参数、默认参数和不定长参数。当然，在使用类创建实例对象时也可以使用关键字参数来传递参数。

在前面的示例中，实例变量是在类的构造方法中创建的。事实上，可以在类中任意的方法内创建实例变量或使用已经创建好的实例变量，通过类中每个方法的第一个参数 self 就能调用实例变量。

示例 7

在示例 6 的基础上，完善打卡和领工资两个实例方法。

> ➢ 李明打卡时在控制台输出"工号 a2567，李明打卡签到"。

> ➢ 李明领工资时在控制台输出"领到这个月的工资了，5000 元"。

创建员工实例对象，并使用构造方法初始化实例变量，然后调用打卡签到和领工资两个方法。

分析：

在实例方法中调用实例变量，需要使用方法的第一个参数 self，因为 self 代表了当前的实例对象。

关键代码：

```
class BankEmployee():
    def __init__(self, name = "", emp_num = "", salary = 0):
        self.name = name
        self.emp_num = emp_num
        self.salary = salary

    def check_in(self):
        print("工号%s,%s 打卡签到" % (self.emp_num, self.name))

    def get_salary(self):
        print("领到这个月的工资了,%d 元" % (self.salary))

employee = BankEmployee("李明","a2567",5000)
employee.check_in()
employee.get_salary()
```

输出结果：

工号 a2567,李明打卡签到

领到这个月的工资了,5000 元

在 Python 中不但可以在类中创建实例变量，还可以在类外给一个已经创建好的实例对象动态地添加新的实例变量。但是动态添加的实例变量仅对当前实例对象有效，其他由相同类创建的实例对象将无法使用这个动态添加的实例变量。

示例 8

在示例 7 的基础上创建一个新的员工实例对象。这个员工的姓名是张敏，员工工号为 a4433，员工工资为 4000。创建这个员工的实例对象后，给它动态添加一个实例变量：年龄，并赋值为 25。输出李明和张敏的员工信息。

关键代码：

```
class BankEmployee():
    def __init__(self, name = "", emp_num = "", salary = 0):
        self.name = name
        self.emp_num = emp_num
        self.salary = salary

    def check_in(self):
```

```
        print("工号%s,%s 打卡签到" % (self.emp_num, self.name))

    def get_salary(self):
        print("领到这个月的工资了,%d 元" % (self.salary))


employee_a = BankEmployee("李明","a2567",5000)
employee_b = BankEmployee("张敏","a4433",4000)
employee_b.age = 25
print("李明员工信息如下：")
print("员工姓名：%s" % employee_a.name)
print("员工工号：%s" % employee_a.emp_num)
print("员工工资：%d" % employee_a.salary)
print("张敏员工信息如下：")
print("员工姓名：%s" % employee_b.name)
print("员工工号：%s" % employee_b.emp_num)
print("员工工资：%d" % employee_b.salary)
print("员工年龄：%d" % employee_b.age)
```

输出结果：

```
李明员工信息如下：
  员工姓名：李明
  员工工号：a2567
  员工工资：5000
张敏员工信息如下：
  员工姓名：张敏
  员工工号：a4433
  员工工资：4000
  员工年龄：25
```

在类外给实例对象动态添加实例变量，不使用 self，而是使用"实例对象.实例变量名"的方式。这种添加方式是动态的，只针对当前实例对象有效，对其他实例对象不会有任何影响。

（2）类变量

实例变量是必须在创建实例对象之后才能使用的变量。在某些场景下，希望通过类名直接调用类中的变量或者希望所有类能够公有某个变量。在这种情况下，就可以使用类变量。类变量相当于类的一个全局变量，只要是能够使用这个类的地方都能够访问或修改类变量的值。类变量与实例变量不同，不需要创建实例对象就可以使用。

【语法】

```
class 类名():
    #定义类变量
    变量名 = 初始值
```

示例 9

创建一个可以记录自身被实例化次数的类。

分析：

➢ 类记录自身被实例化的次数不能使用实例变量，而要使用类变量。

➢ 创建类时会调用类的__init__()方法，在这个方法里对用于计数的类变量加 1。

➢ 销毁类时会调用类的__del__()方法，在这个方法里对用于计数的类变量减 1。

关键代码：

```python
class SelfCountClass():
    obj_count = 0
    def __init__(self):
        SelfCountClass.obj_count += 1
    def __del__(self):
        SelfCountClass.obj_count -= 1


list = []
create_obj_count = 5
destory_obj_count = 2
#创建 create_obj_count 个 SelfCountClass 实例对象
for index in range(create_obj_count):
    obj = SelfCountClass()
    #把创建的实例对象加入到列表尾部
    list.append(obj)
print("一共创建了%d 个实例对象" % (SelfCountClass.obj_count))
#销毁 destory_obj_count 个实例对象
for index in range(destory_obj_count):
    #从列表尾部获取实例对象
    obj = list.pop()
    #销毁实例对象
    del obj
print("销毁部分实例对象后，剩余的对象个数是%d 个" % (SelfCountClass.obj_count))
```

输出结果：

一共创建了 5 个实例对象

销毁部分实例对象后，剩余的对象个数是 3 个

在示例 9 中，直接使用类名来调用类变量，这个类名其实对应着一个由 Python 自动创建的对象，这个对象称为类对象，它是一个全局唯一的对象。本书推荐使用类对象来调用类变量这种调用方式。虽然在语法上，Python 也允许使用实例对象来调用类变量，但是这样使用有时会造成一些困扰。如示例 10 所示的效果。

示例 10

关键代码：

```python
class SelfCountClass():
    obj_count = 1


obj_1 = SelfCountClass()
```

```
print("赋值前： ")
print("使用实例对象调用 obj_count:",obj_1.obj_count)
print("使用类对象调用 obj_count:",SelfCountClass.obj_count)
obj_1.obj_count = 10
print("赋值后： ")
print("使用实例对象调用 obj_count:",obj_1.obj_count)
print("使用类对象调用 obj_count:",SelfCountClass.obj_count)
```

输出结果：

赋值前：
使用实例对象调用 obj_count: 1
使用类对象调用 obj_count: 1
赋值后：
使用实例对象调用 obj_count: 10
使用类对象调用 obj_count: 1

在示例 10 中给 obj_count 赋值前,使用实例对象和类对象调用类变量 obj_count 的值得到的结果是一样的。这说明实例对象也可以访问类对象。

但是，给 obj_count 赋值为 10 后，再分别使用实例对象和类对象调用变量 obj_count 的值得到的结果是不一样的。使用类对象调用 obj_count 的值仍然是 1，说明类变量的值没有改变。使用实例对象调用 obj_count 的值是 10，也就是赋值后的值，这个时候实际上输出的是实例对象 obj_1 动态添加的名为 obj_count 的实例变量的值，不再是期望的类变量的值。因此，建议使用类对象来调用类变量。

下面总结一下类对象、实例对象、类变量、实例变量这几个概念。

➤ 类对象对应类名，是由 Python 创建的对象，具有唯一性。

➤ 实例对象是通过类创建的对象，表示一个独立的个体。

➤ 实例变量是实例对象独有的，在构造方法内添加或在创建对象后使用、添加。

➤ 类变量是属于类对象的变量，通过类对象可以访问和修改类变量。

➤ 如果在类中类变量与实例变量不同名，也可以使用实例对象访问类变量。

➤ 如果在类中类变量与实例变量同名，那么无法使用实例对象访问类变量。

➤ 使用实例对象无法给类变量赋值，这种尝试将会创建一个新的与类变量同名的实例变量。

类中定义
变量视频
讲解

8.1.3 技能实训

《绝地求生》是现在非常热门的射击类游戏。根据面向对象的编程思想，模拟实现玩家战斗的场景，如图 8.1 所示。

在这个场景中，有玩家、敌人、武器 3 个对象，3 个对象之间的关系如下。

➤ 玩家和敌人均属于人类，他们的默认血量是 100。

➤ 不同的武器属于不同的武器类型，杀伤力不同。

图8.1　《绝地求生》

> 玩家使用武器击中敌人后，敌人会出现掉血的行为，每次掉血量与武器的杀伤力相同。

实现玩家装备武器并使用武器攻击两次敌人的效果，如图 8.2 所示。

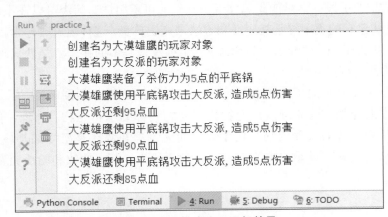

图8.2　《绝地求生》运行效果

分析：
> 定义人类 Player

变量：姓名（name）、血量（blood）、武器（weapon）

方法：装备武器、攻击

> 定义武器类 Weapon

变量：武器类型（weapon_type）、杀伤力（lethal）

方法：攻击敌人

> 创建玩家和敌人对象并初始化属性。

> 创建武器对象之后让玩家对象装备武器。

> 玩家调用攻击方法攻击敌人。

任务 2 使用继承根据职位创建银行员工类的子类

【任务描述】

本任务实现继承银行员工类，根据职位创建柜员类和经理类两个子类，并给不同的子类添加对应的属性和方法。

【关键步骤】

（1）创建银行员工类的子类。

（2）定义子类中的变量和方法。

（3）给变量和方法设置访问权限。

（4）重写父类的方法。

8.2.1 继承

1. 继承

继承是面向对象编程的三大特性之一，继承可以解决编程中的代码冗余问题，是实现代码重用的重要手段。继承的思想体现了软件的可重用性。新类可以在不增加代码的条件下，通过从已有的类中继承其属性和方法来充实自身，这种现象或行为就称为继承。此时，新的类称为子类，被继承的类称为父类。继承最基本的作用就是使代码得以重用，并且增加了软件的可扩展性。

可以结合现实中的例子理解继承，比如对宠物的分类，如图 8.3 所示。猫和狗都可以作为人类的宠物，因此可以说宠物猫和宠物狗都继承自宠物。同理，有的人养的宠物猫是狸花猫，有的人养的猫是奶牛猫，而无论狸花猫还是奶牛猫都属于宠物猫，因此狸花猫和奶牛猫都继承自宠物猫；对于狗来说也一样，德牧和哈士奇都继承自宠物狗。

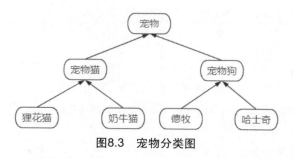

图8.3 宠物分类图

在前面讲类定义的时候，已经提到了所有的类都默认继承自 object。开发中往往还需要实现自定义的继承关系。

【语法】

```
class 子类类名(父类类名):
    #定义子类的变量和方法
```

示例 11

定义宠物类 Pet 和继承自 Pet 类的子类 Cat 类，使用 Cat 类创建实例对象并调用它的实例方法。Pet 类定义如下：

➢ Pet 包含一个实例变量：宠物主人 owner。

➢ Pet 包含一个实例方法，输出宠物主人的名字。

关键代码：

```
class Pet():
    def __init__(self,owner = "李明"):
        self.owner = owner
    def show_pet_owner(self):
        print("这个宠物的主人是%s" % (self.owner))
class Cat(Pet):
    pass
cat_1 = Cat()
cat_1.show_pet_owner()
cat_2 = Cat("赵敏")
cat_2.show_pet_owner()
```

输出结果：

这个宠物的主人是李明

这个宠物的主人是赵敏

在示例 11 的代码中，Cat 类本身并没有定义任何的变量或方法，但是它继承了 Pet 类，就自动拥有了 owner 变量和 show_pet_owner()方法。

示例 12

在示例 8 的基础上，根据职位创建银行员工类的两个子类——柜员类和经理类。

关键代码：

```
#柜员类
class BankTeller(BankEmployee):
    pass
#经理类
class BankManager(BankEmployee):
    pass


bank_teller = BankTeller("邵兵","a9678",6000)
bank_teller.check_in()
bank_teller.get_salary()
bank_manager = BankManager("李光","a0008",10000)
bank_teller.check_in()
bank_teller.get_salary()
```

输出结果：

工号 a9678,邵兵打卡签到

领到这个月的工资了,6000 元

工号 a0008,李光打卡签到

领到这个月的工资了,10000 元

示例 11 和示例 12 的代码中子类都没有创建自己的__init__()构造方法。当一个类继承了另一个类,如果子类没有定义__init__()方法,就会自动继承父类的__init__()方法;如果子类中定义了自己的构造方法,那么父类的构造方法就不会被自动调用。如示例 13 所示。

示例 13

在示例 12 的基础上,给 BankTeller 类添加__init__()构造方法。观察程序执行结果。

关键代码:

```
#柜员类
class BankTeller(BankEmployee):
    def __init__(self, name = "", emp_num = "", salary = 0):
        pass
```

输出结果:

AttributeError: 'BankTeller' object has no attribute 'emp_num'

实例 13 中给子类 BankTeller 添加了构造方法,运行结果是程序出错。出错的原因是 emp_num 等实例变量是在父类 BankEmployee 的构造方法中创建的,赋值也是在其中完成的,因为父类的构造方法没有被调用,所以运行时发生了错误。

解决办法很简单,就是在子类中调用父类的构造方法。实现的方式是使用 super()显式调用父类的构造方法,如示例 14 所示。

示例 14

关键代码:

```
#柜员类
class BankTeller(BankEmployee):
    def __init__(self, name = "", emp_num = "", salary = 0):
        super().__init__(name, emp_num, salary)
#经理类
class BankManager(BankEmployee):
    def __init__(self, name = "", emp_num = "", salary = 0):
        super().__init__(name, emp_num, salary)
```

Python 类继承的这种语法特性,需要在使用中注意,否则代码运行就会出错。

2. 子类的变量和方法

子类能够继承父类的变量和方法,作为父类的扩展,子类中还可以定义属于自己的变量和方法。例如经理除了所有员工共有的特征和行为外,还具有自己独特的特征,如实例 15 所示。

示例 15

银行给经理配备了指定品牌的公务车,经理可以在需要的时候使用。本例给 BankManager 类添加对应的变量和方法。

分析:

➢ 给经理配备的公务车品牌需要用一个实例变量 official_car_brand 来保存。

➢　经理使用公务车是一种行为，需要定义一个方法 use_official_car()。

关键代码：

```
class BankManager(BankEmployee):
    def __init__(self, name = "", emp_num = "", salary = 0):
        super().__init__(name, emp_num, salary)
        self.official_car_brand = ""
    def use_official_car(self):
        print("使用%s 牌的公务车出行" % (self.official_car_brand))


bank_manager = BankManager("李光","a0008",10000)
bank_manager.official_car_brand = "宝马"
bank_manager.use_official_car()
```

输出结果：

使用宝马牌的公务车出行

3．封装

面向对象编程的特性除了继承还有封装。封装是一个隐藏属性、方法与方法实现细节的过程。在使用面向对象的编程时，会希望类中的变量或方法只能在当前类中调用。对于这样的需求可以采用将变量或方法设置成私有的方式实现。

【语法】

私有变量：__变量名

私有方法：__方法名()

设置私有变量或私有方法的办法就是在变量名或方法名前加上 "__"（2 个下划线），设置私有的目的：一是保护类里的变量，避免外界对其随意赋值；二是保护类内部的方法，不允许从外部调用。对私有变量可以添加供外界调用的普通方法，用于修改或读取变量的值。

私有的变量或方法只能在定义它们的类内部调用，在类外和子类中都无法直接调用。

示例 16

将银行员工类的员工工号和员工姓名两个变量改为私有，并为其添加访问/修改方法。要求员工的工号必须以字母 a 开头。

关键代码：

```
class BankEmployee():
    def __init__(self, name = "", emp_num = "", salary = 0):
        self.__name = name
        self.__emp_num = emp_num
        self.salary = salary


    def set_name(self,name):
        self.__name = name


    def get_name(self):
```

```
            return self.__name

        def set_emp_num(self, emp_num):
            if emp_num.startswith("a"):
                self.__emp_num = emp_num

        def get_emp_num(self):
            return self.__emp_num

        def check_in(self):
            print("工号%s,%s 打卡签到" % (self.__emp_num, self.__name))

        def get_salary(self):
            print("领到这个月的工资了,%d 元" % (self.salary))
#柜员类
class BankTeller(BankEmployee):
    def __init__(self, name = "", emp_num = "", salary = 0):
        super().__init__(name, emp_num, salary)


bank_teller = BankTeller("邵兵","a9678",6000)
#修改员工的姓名
bank_teller.set_name("邵冰")
bank_teller.set_emp_num("b9666")
print("员工的姓名修改为%s" % bank_teller.get_name())
print("员工的工号修改为%s" % bank_teller.get_emp_num())
```

输出结果：

员工的姓名修改为邵冰
员工的工号修改为 a9678

将员工工号和员工姓名修改为私有之后，这两个变量就不能在类外直接修改了。为了操作这两个变量，就需要给它们添加 get/set 操作方法。在设置工号时还需要检验新的工号是否以字母 a 开头，只有将工号设置为私有变量才能够达到赋值验证的效果，也才能达到代码封装的目的。良好的封装对代码的可维护性会有极大提升。

在类中还存在方法名前后都有 "__" 的方法，这些方法不是私有方法，而是表明这些方法是 Python 内部定义的方法。开发人员在自定义方法时一定不能在自己的方法名前后都加上 "__"。

4. 多继承

继承能够解决代码重用的问题，但是有些情况下只继承一个父类仍然无法解决所有的应用场景。比如一个银行总经理同时还兼任公司董事，此时总经理这个岗位就具备了经理和董事两个岗位的职责，但是这两个岗位是平行的概念，是无法通过继承一个父类来表现的。Python 语言使用多继承来解决这样的问题，如图 8.4 所示。对应于多继承，前面学习的一个类只有一个父类的情况称为单继承。

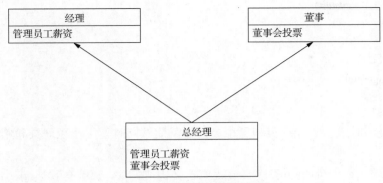

图8.4　银行总经理继承关系

【语法】

class 子类类名(父类 1,父类 2):
　　#定义子类的变量和方法

示例 17

在银行中经理可以管理员工的薪资，董事可以在董事会上投票来决定公司的发展策略，总经理是经理的同时也是公司的董事。使用多继承实现这 3 个类。

分析：

➢　经理作为一个独立的岗位，创建一个父类，这个类有一个方法 manage_salary()，实现管理员工薪资的功能。

➢　董事作为一个独立的岗位，创建一个父类，这个类有一个方法 vote()，实现在董事会投票的功能。

➢　总经理是经理和董事两个岗位的结合体，同时具备这两个岗位的功能，因此总经理类作为子类，同时继承经理类和董事类。

关键代码：

```
class BankManager():
    def __init__(self):
        print("BankManager init")

    def manage_salary(self):
        print("管理员工薪资")

class BankDirector():
    def vote(self):
        print("董事会投票")

    def __init__(self):
        print("BankDirector init")
class GeneralManager(BankManager, BankDirector):
    pass
```

```
gm = GeneralManager()
gm.manage_salary()
gm.vote()
```
输出结果：
```
BankManager init
管理员工薪资
董事会投票
```
总经理类同时继承了经理类和董事类，也就能够同时使用在经理类和董事类中定义的方法。

在学习单继承时，如果子类没有显式地定义构造方法，那么会默认调用父类的构造方法。在多继承的情况下，子类有多个父类，是不是默认情况下所有父类的构造方法都会被调用呢？通过示例 17 可以看出，不是这样的，只有继承列表中的第一个父类的构造方法被调用了。如果子类继承了多个父类且没有自己的构造方法，则子类会按照继承列表中父类的顺序，找到第一个定义了构造方法的父类，并继承它的构造方法。

类的封装和继承视频讲解

8.2.2 多态

1. 多态介绍

前面已经学习了封装和继承，面向对象编程的三大特性的最后一个特性是多态。多态一词通常的含义是指能够呈现出多种不同的形式或形态。在编程术语中，它的意思是一个变量可以引用不同类型的对象，并且能自动地调用被引用对象的方法，从而根据不同的对象类型，响应不同的操作。继承和方法重写是实现多态的技术基础。

2. 方法重写

方法重写是当子类从父类中继承的方法不能满足子类的需求时，在子类中对父类的同名方法进行重写（覆盖），以符合需求。

示例 18

在代码中定义狗类 Dog，它有一个方法 work()，代表其工作，狗的工作内容是"正在受训"；创建一个继承狗类的军犬类 ArmDog，军犬的工作内容是"追击敌人"。

关键代码：
```
class Dog():
    def work(self):
        print('正在受训')

class ArmyDog(Dog):
    def work(self):
        print('追击敌人')
dog = Dog()
dog.work()
army_dog = ArmyDog()
army_dog.work()
```

输出结果：

正在受训

追击敌人

示例 18 中 Dog 类有 work()方法，在其子类 ArmyDog 里根据需求对从父类继承的 work()方法进行了重新编写，这种方式就是方法重写。虽然都是调用相同名称的方法，但是因为对象类型不同，从而产生了不同的结果。

3. 实现多态

掌握了方法重写，再看如何实现多态。

示例 19

在示例 18 的基础上，添加 3 个新类。

➢ 未受训的狗类 UntrainedDog，继承 Dog 类，不重写父类的方法。

➢ 缉毒犬类 DrugDog，继承 Dog 类，重写 work()方法，工作内容是"搜寻毒品"。

➢ 人类 Person，有一个方法 work_with_dog()，根据与其合作的狗的种类不同，完成不同的工作。

关键代码：

```
class Dog(object):
    def work(self):
        print('正在受训')
class UntrainedDog(Dog):
    pass

class ArmyDog(Dog):
    def work(self):
        print('追击敌人')

class DrugDog(Dog):
    def work(self):
        print('搜寻毒品')

class Person(object):
    def work_with_dog(self, dog):
        dog.work()

p = Person()
p.work_with_dog(UntrainedDog())
p.work_with_dog(ArmyDog())
p.work_with_dog(DrugDog())
```

输出结果：

正在受训

追击敌人

搜寻毒品

Person 实例对象调用 work_with_dog()方法，根据传入的对象类型不同产生不同的执行效果。对于 ArmyDog 和 DrugDog 类来说，因为重写了 work()方法，所以在 work_with_dog()方法中调用 dog.work()时会调用它们各自的 work()方法；但是对于 UntrainedDog 类，因为没有重写 work()方法，在 work_with_dod()方法中就会调用其父类 Dog 的 work()方法。

通过上面的示例 19 不难发现，多态的优势非常突出。

➢ 可替换性：多态对已存在的代码具有可替换性。

➢ 可扩充性：多态对代码具有可扩充性。增加新的子类并不影响已存在类的多态性和继承性，以及其他特性的运行和操作。实际上新增子类更容易获得多态功能。

➢ 接口性：多态是父类向子类提供的一个共同接口，由子类来具体实现。

➢ 灵活性：多态在应用中体现了灵活多样的操作，提高了使用效率。

➢ 简化性：多态简化了应用软件的代码编写和修改过程，尤其是在处理大量对象的运算和操作时，这个特点尤为突出和重要。

8.2.3 技能实训

王者荣耀是一款非常流行的即时对战类游戏，里面有非常多的游戏角色可供选择。所有的角色都具有以下操作：普通攻击，技能攻击。

创建两个英雄角色：

➢ 关羽：普通攻击 10，技能攻击是"单刀赴会"。

➢ 吕布：普通攻击 15，技能攻击是"贪狼之握"，使用时播放旁白"谁敢战我"。

创建一个控制类，能够操纵英雄角色使用普通攻击或技能攻击。使用继承和多态的方式实现，运行效果如图 8.5 所示。

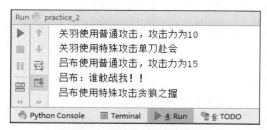

图8.5 王者荣耀运行效果

分析：

➢ 角色（基类）

变量：普通攻击值，技能攻击名称。

方法：使用普通攻击，使用技能攻击。

➢ 关羽类

普通攻击值为 10，技能攻击名称为"单刀赴会"。

➢ 吕布类

普通攻击值为 15，技能攻击名称为"贪狼之握"，使用技能攻击时先输出旁白"谁敢战我"。

本章总结

➢ 面向对象的编程思想的实质是对客观事物的抽象，类是实现面向对象编程的基础。

➢ 面向对象的三大特性：封装、继承、多态。

➢ 在类中可以定义实例变量、类变量，它们有不同的适用场景和使用方法，要小心同名实例变量覆盖类变量的情况。

➢ 继承能够提高代码的可重用性和可复用性，Python 的继承分为单继承和多继承两种。

➢ 多态是基于继承和重写两种技术实现的，多态能够提高代码的灵活性和可扩展性。

本章作业

1．简答题

（1）简述面向对象编程的三大特性。

（2）简述如何定义类变量与实例变量，以及这两种变量在使用时的注意事项。

2．编码题

（1）设计一个简单的购房商贷月供计算器类，按照以下公式计算总利息和每月还款金额：

总利息=贷款金额×利率

每月还款金额=(贷款金额+总利息)/ 贷款年限

贷款年限不同，利率也不同，这里假定只有如表 8-2 所示的 3 种年限和利率。

表 8-2　3 种年限和利率

年限	利率
3 年（36 个月）	6.03%
5 年（60 个月）	6.12%
20 年（240 个月）	6.39%

要求根据输入的贷款金额和年限计算出每月的月供，如图 8.6 所示。

图8.6　参考输出结果

（2）设计 Bird（鸟）类、Fish（鱼）类，都继承自 Animal（动物）类，实现方法 print_info()，输出信息。参考输出结果如图 8.7 所示。

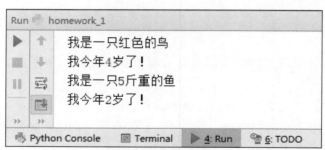

图8.7　参考输出结果

（3）利用多态特性，编程创建一个手机类 Phones，定义打电话方法 call()。创建手机类的两个子类：苹果手机类 IPhone 和 Android 手机类 APhone，并在各自类中重写方法 call()。创建一个人类 Person，定义使用手机打电话的方法 use_phone_call()。

第 9 章

文件读写

本章资源下载

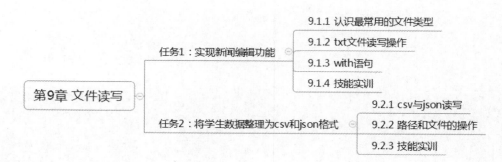

文件读写是程序设计语言的基础功能，尤其是对于 Python 这样热门的与数据分析相关的工具语言来说，文件的读写尤为重要。本章主要介绍文件的读写操作，以及对路径的一些操作；同时也会介绍以后数据分析过程中常用的 csv 文件的操作，接口数据常用的 json 文件的操作。

任务 1　实现新闻编辑功能

【任务描述】

本任务从介绍常用文件及其扩展名开始，接着利用 Python 编写一篇简短的新闻稿，并将其写入文本文件中，存放到相应的路径下。

【关键步骤】

（1）认识文件类型及其扩展名。

（2）掌握 Python 打开文件的模式。

（3）掌握 txt 文本文件的读写操作。

9.1.1　认识最常用的文件类型

1. 文件

文件是存储在某种长期存储设备或临时存储设备中的一段数据，并且归属于计算机文件系统的管理之下。所谓"长期存储设备"，一般指磁盘、光盘、磁带等。简而言之，文件是存储在存储媒介上的信息或数据，信息或数据可以是文字、照片、视频、音频等。

2. 常见的数据分析文件类型和扩展名

在使用计算机的过程中，会接触到各式各样的文件，包括文档、图片、视频等。为了区分不同的文件和文件类型，文件的名称分为文件名和扩展名两部分，文件名可以自定义，用以区分不同的文件；扩展名一般为创建文件时默认的，用来区分不同的文件类型。

例如，神雕侠侣.txt 和天龙八部.txt 两个文件，可以很快从文件名上区分出这两个文件的内容不同。又如，神雕侠侣.txt 和神雕侠侣.mp3 两个文件，可以从扩展名上看出这两个文件也是不同的。

在数据分析的真实场景中，需要跟许多文件打交道，最常见的文件格式如表 9-1 所示。

表 9-1　数据分析常见数据格式

文件扩展名	描述	python 库或方法解析
.csv	csv 全称为 comma-separated values，即逗号分隔的值，经常用来作为不同程序之间数据交互的格式。解析之后与数据库表格式很类似，是数据分析最常用的数据类型之一	csv pandas.read_csv()
.json	json 格式用于在网络上传输结构化数据。json 格式的文件可以很容易使用任何编程语言来读取，在 Python 中，它是一种类似列表和字典的多维嵌套的形式	json pandas.read_json()
.xlsx	xlsx 是微软 Excel 打开的 xml 文件格式，也是电子表格文件格式。xlsx 数据是在一个表的单元格和列下组织的，每个 xlsx 文件可以包含多于一个的表格，即工作簿可以包含多个表	pandas.read_excel()
.zip	zip 格式是存档文件格式，也是常说的压缩文件格式。通常数据分析会将大量数据进行压缩	zipfile
.txt	txt 是纯文本格式	open()
.xml	xml 也称为可扩展标记语言，具有一定的编码数据规则，是一个人类和机器均可读的文件格式	xml

9.1.2　txt 文件读写操作

1. 利用 open、close 方法打开、关闭文件

在 Python 中进行文件的打开和关闭操作使用两个内置方法：open 方法和 close 方法。当需要对文件进行操作时，首先使用 open 方法打开一个文件，对文件操作完毕后，使用 close 方法关闭文件。

使用 open 方法时，需要指定打开文件的保存位置、打开文件的模式，以及文件的编码格式。这 3 个参数的简要介绍如表 9-2 所示。

表 9-2　open 方法主要参数

主要参数	是否必须	释义
path	是	文件路径
mode	否，默认'r'	打开模式
encoding	否，默认 None	编码格式

path 是使用 open 方法的必备参数，代表文件所在的路径，路径可以是绝对路径或相对路径。绝对路径是指文件在操作系统中准确的存放路径，相对路径是指与目前引用文件的相对位置，如果在同一级别，直接输入文件名即可。

示例 1

在代码编辑文件的同级目录（本示例使用目录为 D:\pycharm\）下，新建一个空白的 news.txt 文件，然后利用绝对路径和相对路径两种方式打开该文件。

关键代码：

```
news = open('news.txt')  #打开 news.txt 文件，参数为相对路径
print(news)
news.close()
news = open('D:\pycharm\news.txt')   #参数为绝对路径
print(news)
news.close()
```

输出结果：

```
<_io.TextIOWrapper name='news.txt' mode='r' encoding='cp936'>
<_io.TextIOWrapper name='D:/pycharm/wenjianduxie/news.txt' mode='r' encoding='cp936'>
```

输出的结果是对象信息，包含了文件名、打开模式和编码格式。

通过上述示例可以发现，每一次调用完 open 方法，都需要用 close 方法将文件关闭。这样能避免一些不必要的冲突和错误出现，也能起到节约内存的作用。

2. read、write 读写文件

在打开文件之后，最常见的对文件的操作是读取和写入，分别使用 read 和 write 方法。并不是打开的文件都能使用 read 和 write 方法，例如 read 方法只能在可读的情况下调用而不能在只写等不可读的情况下调用，write 方法只能在可写的情况下调用。

（1）文件打开模式

使用 open 方法打开 news.txt 文件时，有一个参数 mode，表示文件打开模式，最常用的有 w（只写）模式、r（只读）模式、a（只追加）模式，默认为只读模式。

➢ 通过 r（只读）模式打开文件，只能使用 read 方法读取文件内容，而不能使用 write 方法对内容进行修改。

➢ 通过 w（只写）模式或 a（只追加）模式打开文件，只能使用 write 方法将内容写入文件中，而不能使用 read 方法读取文件内容。w 模式和 a 模式的区别是：w 模式是从文件光标所在处写入内容，如果原文件中有内容，则新写入内容会覆盖之前内容；a 模式是从文件末尾处追加内容，不会覆盖原有内容。

➢ 在打开模式中，也有既可以写也可以读的打开模式，例如 r+、w+等。具体的打开模式及描述详见表 9-3。

表 9-3   open 方法中 mode 参数选项

打开模式	描述
r	以只读方式打开文件。文件的指针将会放在文件的开头。这是默认模式
rb	以二进制格式打开文件，用于只读。文件指针将会放在文件的开头
r+	打开文件用于读写。文件指针将会放在文件的开头
rb+	以二进制格式打开文件，用于读写。文件指针将会放在文件的开头
w	打开文件用于写入。如果该文件已存在，则打开文件，并从头开始编辑，即原有内容会被删除；如果该文件不存在，创建新文件

打开模式	描述
wb	以二进制格式打开文件，用于写入。如果该文件已存在，则打开文件，并从头开始编辑，即原有内容会被删除；如果该文件不存在，创建新文件
w+	打开文件用于读写。如果该文件已存在，则打开文件，并从头开始编辑，即原有内容会被删除；如果该文件不存在，创建新文件
wb+	以二进制格式打开文件，用于读写。如果该文件已存在，则打开文件，并从头开始编辑，即原有内容会被删除；如果该文件不存在，创建新文件
a	打开文件用于追加。如果该文件已存在，文件指针将会放在文件的结尾，也就是新的内容将会写入到已有内容之后；如果该文件不存在，创建新文件进行写入
ab	以二进制格式打开文件，用于追加。如果该文件已存在，文件指针将会放在文件的结尾，也就是新的内容将会写入到已有内容之后；如果该文件不存在，创建新文件进行写入
a+	打开文件用于读写。如果该文件已存在，文件指针将会放在文件的结尾，文件打开时使用追加模式；如果该文件不存在，创建新文件用于读写
ab+	以二进制格式打开文件，用于追加。如果该文件已存在，文件指针将会放在文件的结尾；如果该文件不存在，创建新文件用于读写

read 方法是读取整个文件的内容并返回，返回类型是 str；write 方法是写入方法，接收 str 类型的数据作为参数，将内容写入已经用可写模式打开的文件中。

示例 2

编写新闻稿内容"北京市明天傍晚有雨"，在 news.txt 这个空文件中，写入新闻稿内容"北京市明天傍晚有雨"。

实现步骤：

① 打开 news.txt 文件，将打开模式设为 w（可写）模式。

② 使用 write 方法将内容写入。

③ 调用 close 方法将文件关闭。

关键代码：

```
file = open('news.txt',mode='w') #通过 w 模式打开 news.txt 文件
file.write('北京明天傍晚有雨')   #写入内容
file.close() #关闭文件
```

将内容写入以后，可以手动打开 news.txt 文件，验证内容是否已经写入。

示例 3

通过只读模式打开 news.txt 文件，并且实现在控制台输出文件内容。

实现步骤：

① 打开 news.txt 文件。

② 将打开模式设为 r（只读）模式。

③ 使用 read 方法读取内容并打印。

④ 调用 close 方法将文件关闭。

关键代码：

```
file = open('news.txt',mode='r') #通过 r 模式打开
print(file.read()) #查看内容
file.close()
```

输出结果：

北京市明天傍晚有雨

示例 4

不改变新闻稿原有内容，只在文稿最后添加上作者名字：张三。

分析：

① 使用 a（追加的打开）模式打开文件，并将内容追加写入到最后。

② 在追加模式下，默认是从文件最后一个字符开始，即指针落在最后一个字符后。为了美观，需要在追加的时候先写入一个换行符，再另起一行写入作者名字：张三。

关键代码：

```
file = open('news.txt',mode='a')
file.write('\r 作者：张三') #插入一个换行符
file.close()
file = open('news.txt',mode='r')
print(file.read())
file.close()
```

输出结果：

北京市明天傍晚有雨

作者：张三

从上述示例可以清晰看出 3 种打开文件的模式所起的不同作用。

（2）文件读写位置

在记事本编辑 txt 文件时，都会有一个光标，表示目前需要在哪个位置进行编辑。在 Python 文件的读写过程中，也提供一种类似的方法 seek 来定位文件的读写位置。seek 接受两个参数，第一个参数是偏移量，表示光标移动几个字符，第二个参数是定位，0 表示从文件开头开始，1 表示从当前位置开始，2 表示从文末开始，默认是 0。下面通过示例来了解一下。

示例 5

通过之前的示例，已经将文稿的主要内容和作者写好了，现在需要将标题加上。在 news.txt 文件开头添加"标题：北京市天气预报"。

分析：

① 使用 seek 方法移动光标，实现在文稿第一行加上"标题：北京市天气预报"。

② 使用之前学到的 Python 知识还无法直接从文本的开头添加内容，并且保持后面的文本不变。要完成本示例任务，可以先将内容记下来，然后再移动光标到指定位置，利用 r+模式写入内容覆盖的特点，重新写入内容。

关键代码：

```
file = open('news.txt',mode='r+') #r+为既可读也可写模式
content = file.read() #记录下之前文章的内容，并将光标移动到内容的末尾
file.seek(0,0) #移动光标到最前头
file.write('标题：北京市天气预报\r'+content) #写入内容
file.close()
```

```
file = open('news.txt',mode='r+')
print(file.read())
```
输出结果：

标题：北京市天气预报

北京明天傍晚有雨

作者：张三

> **⚠ 注意**
>
> 　　在上述示例中，file.read()方法不仅仅是读取内容，同时会将光标移动到内容的末尾，而 file.write()方法是从光标处开始写入内容，并具有覆盖的特点。所以在使用 file.write()方法之前需要先将原有内容记录下来，并将光标移动到内容最开头，才能顺利完成任务要求。

（3）文件编码格式

在文件读取过程中，还有一个重要的问题不可忽视，那就是编码格式。打开文件的编码格式如果和文件编码格式不符的话，是很可能报错打不开的。在 Python 中，常见的编码格式有 GBK、UTF-8 等，详细编码格式不做展开讲解，只了解如下常用编码即可。

➢　ASCII 码，ASCII 码使用 1 个字节存储英文和字符，主要是英文等欧洲国家的语言符号。

➢　Unicode，使用 2 个字节来存储大约 65535 个字符，包括除英文外很多其他国家的语言符号。

➢　UTF-8，是 Unicode 的实现方式之一，对中文友好。

➢　GBK，汉字内码扩展规范，将汉字对应成一个数字编码。

常用的支持中文的编码有 UTF-8 和 GBK，在出现中文字符的编码格式错误的时候，可以尝试用这两种方式打开。在打开文件时，使用 encoding 参数指定编码格式。下面通过一个示例来演示如何使用不同的编码格式打开文件。

编码格式
扩充

示例 6

打开 news.txt 文件，尝试用 ASCII 编码格式打开。

关键代码：

```
file = open('news.txt',mode='r',encoding='ascii')
print(file.read())
file.close()
```
输出结果：

UnicodeDecodeError: 'ascii' codec can't decode byte 0xb1 in position 0: ordinal not in range(128)

可以看出，使用 ASCII 编码格式无法读取该文件，但是使用默认编码格式或者对中文友好的 GBK 编码格式打开，则可以正常读取内容。

3．行读取文件

前面介绍的 read 方法可以实现一次性将文件内容返回，返回类型为 str。在很多情况下，这种使用方法不是很方便，因此推荐行读取的方法，即将每一行当成一个单位字符串，或逐行返回或整体返回。

行读取有两种方法：readline 和 readlines。readline 方法只读取文件的下一行，返回类型为 str，当遇到比较大的文件的时候，可以用这种方法来避免内存不足问题；readlines 方法读取文件的所有行，可以用循环遍历的方式逐行读取，返回类型是 list。下面通过示例来了解一下这两个方法。

示例 7

使用行读取的两种方法分别读取文件 news.txt。

实现步骤：

（1）打开 news.txt 文件。

（2）将打开模式设为 r（可读）模式。

（3）使用 whlie 循环，利用 readline 方法按行读取，直到没有下一行为止。

（4）使用 readlines 方法读取文稿，然后使用 for 循环遍历打印。

关键代码：

```
file = open('news.txt',mode='r')
line = file.readline()
while line:
    print(line)
    line = file.readline()
for line in file.readlines():
    print('readlines 方法：'+line)
```

输出结果：

标题：北京市天气预报

北京明天傍晚有雨

作者：张三

readlines 方法：标题：北京市天气预报

readlines 方法：北京明天傍晚有雨

readlines 方法：作者：张三

从输出结果可以看出，readline 方法和 readlines 方法都输出了文件的内容。其中，readlines 方法将每一行内容作为一个 str，存储在整个 list 中，再通过遍历 list，把每一行内容打印输出。

9.1.3 with 语句

在绝大多数情况下，在打开文件并操作完之后，是需要将文件关闭的，这样既能避免文件 IO 的冲突，也能节约内存的使用。但每次打开关闭会比较麻烦，Python 提供了 with 语句来解决这个问题。在 with 语句下对文件操作，可以不用执行 close 方法关闭，with 语句会自动关闭。

with 语句的主要作用如下。

➤ 解决异常退出时的资源释放问题。

> 　　解决用户忘记调用 close 方法而产生的资源泄漏问题。

【语法】

```
with open(…) as name:
    name.read()
    ……
```

其中，name 是给这个打开的文件取的名字，不能与其他变量或者关键字冲突。

示例 8

使用 with 语句打开 news.txt 文件。

关键代码：

```
with open('news.txt') as file:
    print(file.read())
print(file.read())
```

输出结果：

标题：北京市天气预报

北京明天傍晚有雨

作者：张三

ValueError: I/O operation on closed file.

从输出的结果中可以看出，利用 with 语句打开了文件并且读取了文件中的内容，然后在 with 语句之外调用 read 方法时，程序报错，提示无法读取已经关闭了的文件。可见虽然上述代码没有调用 close 方法，却也将文件关闭了。因此建议之后的打开文件操作都使用 with 语句来进行。

任务到这里已经全部完成，新闻稿的基础编辑功能已经实现。

9.1.4　技能实训

通过之前学习的流程控制语句知识和本章所学的文件读写知识，利用 Python 编写一份九九乘法表，要求最终写入 txt 文件中。九九乘法表格式见图 9.1。

```
1 * 1 = 1
1 * 2 = 2   2 * 2 = 4
1 * 3 = 3   2 * 3 = 6   3 * 3 = 9
1 * 4 = 4   2 * 4 = 8   3 * 4 = 12   4 * 4 = 16
1 * 5 = 5   2 * 5 = 10  3 * 5 = 15   4 * 5 = 20   5 * 5 = 25
1 * 6 = 6   2 * 6 = 12  3 * 6 = 18   4 * 6 = 24   5 * 6 = 30   6 * 6 = 36
1 * 7 = 7   2 * 7 = 14  3 * 7 = 21   4 * 7 = 28   5 * 7 = 35   6 * 7 = 42   7 * 7 = 49
1 * 8 = 8   2 * 8 = 16  3 * 8 = 24   4 * 8 = 32   5 * 8 = 40   6 * 8 = 48   7 * 8 = 56   8 * 8 = 64
1 * 9 = 9   2 * 9 = 18  3 * 9 = 27   4 * 9 = 36   5 * 9 = 45   6 * 9 = 54   7 * 9 = 63   8 * 9 = 72   9 * 9 = 81
```

图9.1　九九乘法表样式

分析：

> 　　九九乘法表形状呈 T 型，可以考虑采用两重循环嵌套的方式实现。

> 　　观察每一行等式，等式左边两数相乘，右边的数总是大于等于左边的数。使用 if 语句判断。

> 　　每一行可以看成一次循环的输出。

> 　　利用 whlie 循环和 break 跳出循环。

➤ 利用 with 语句打开文件，并用 write 方法将内容写入。

任务2 将学生数据整理为 csv 和 json 格式

【任务描述】

本任务将 student.txt 文件中的学生信息数据整理成 csv 文件和 json 文件，并存放在指定目录下。

【关键步骤】

（1）掌握 csv 与 json 文件格式，同时熟练使用 csv 与 json 模块。

（2）将 txt 格式数据转换成 csv 和 json 格式。

（3）按照要求采用复制或者移动的方式将文件放到指定路径下。

在上一个任务中，已经学习了 txt 文件的打开和处理方式，也完成了一篇简要的新闻稿的编写。但是在真实的开发环境中，只了解 txt 文件的操作是远远不够的，还有其他一些重要的数据和文件格式也是必须了解的。在本任务中，继续介绍 Python 数据分析过程中最常用的两类数据文件格式：csv 文件格式和 json 文件格式。

9.2.1 csv 与 json 读写

1. 进一步了解 csv 和 json 格式

通过表 9-1，已经对 csv 和 json 格式有了初步了解，csv 格式很像数据库表格格式，是用逗号分隔开的结构化数据，在数据分析中，许多原始数据就是以这种格式保存的。json 格式是一种类似列表与字典嵌套的格式，经常在网站接口中用到，特别是在数据爬虫或者前后端交互时会用到。要在 Python 中操作或处理这两种格式的文件，需要用到 Python 的内置模块：csv 和 json。

json 文件
样例

json 格式样例：

{"姓名":"张三","成绩":[{"第一次月考":"83"},{"期中考试":"88"},{"期末考试":"76"}]}

csv 格式样例：

姓名，第一次月考成绩，期中考试成绩，期末考试成绩
张三，83，88，76

2. csv 模块

在 csv 模块中，提供了最重要的读写 csv 文件的方法：reader 和 writer，这两个方法都接受一个可迭代对象作为参数，这个参数可以理解为一个打开的.csv 文件。reader 方法返回一个生成器，可以通过循环对其整体遍历。writer 方法返回一个 writer 对象，该对象提供 writerow 方法，将内容按行的方式写入 csv 文件中。

示例9

student.txt 文件在代码编辑文件的同级目录下。由于业务需要，现将 txt 文件转换为

csv 文件，student.txt 中的内容如下：

姓名 年龄 成绩
张三 16 85
李四 16 77
韩梅梅 17 93
李雷 17 59

分析：

➤ 可以看到一共有 5 行数据，其中第 1 行为数据列标题，其余 4 行为具体数据，3 个数据列标题分别为：姓名、年龄、成绩。内容用空格分隔开。

➤ 读取和写入学生数据到 csv 中，需要使用 csv 模块。先用之前学过的 txt 文件的处理方式，将文件内容读取，之后再通过 csv 模块中的方法将数据写入。

实现步骤：

（1）打开 student.txt 文件，按行循环遍历读取内容。

（2）打开空的 student.csv 文件，在步骤（1）遍历的同时，将内容按行写入 student.csv 文件中。

（3）关闭两个文件。

关键代码：

```
import csv #导入 csv 模块
with open('student.csv','w',encoding='utf-8',newline='') as csvfile: #打开 csv 文件
writer = csv.writer(csvfile) #创建一个编辑对象
        with open('student.txt','r',encoding='utf-8') as f: #打开 txt 文件
            for line in f.readlines():
                line_list = line.strip('\n').split(' ') #将 str 内容转换为 list，去除换行符
                writer.writerow(line_list) #将内容按行写入
```

打开（用记事本）student.csv 之后可以看到：

姓名,年龄,成绩
张三,16,85
李四,16,77
韩梅梅,17,93
李雷,17,59

可以看到，虽然在程序中没有加逗号这个操作，但是文件内容也自动用逗号分隔开了，这就是 csv 文件的特点——用逗号分隔的文本文件。这种数据格式在数据分析领域非常常见，因为分隔符是简单的逗号，在加载和处理数据的时候都非常方便。

 注意

如果调用 open 方法时没有传入 newline=''参数，在将内容写入 csv 文件中时，会有空格行的出现。

3. json 模块

在 json 模块中，最常用的两个方法是将 Python 对象编码成 json 字符串的 json.dumps

方法和将 json 字符串解码为 Python 对象的 json.loads 方法。要将 Python 对象编码存放到.json 文件中，需要用到 json.dump 方法；要从.json 文件中将内容解析成 Python 对象，则需要用到 json.load 方法。json 常用方法如表 9-4 所示。

表 9-4　json 常用方法

方法	描述
json.dump	将 Python 对象编码存入.json 文件中
json.dumps	将 Python 对象编码成 json 字符串
json.load	将.json 文件解析成 Python 对象
json.loads	将已编码的 json 字符串解码为 Python 对象

下面通过示例来了解 json.dumps 和 json.loads 方法。

示例 10

使用 json.dumps 方法将 data 数据编码成 json 字符串，再使用 json.loads 方法将 json 字符串解析成原来的 data 数据。

关键代码：

```
import json
data=[{'a':1,'b':2,'c':3}] #构造一个简单字典和列表嵌套的数据
json_data = json.dumps(data) #编码成 json
print(json_data)
print(type(json_data))
python_obj = json.loads(json_data) #解析成 python 对象
print(python_obj)
print(type(python_obj))
```

输出结果：

```
[{'a':1,'b':2,'c':3}]
class 'str'
[{'a':1,'b':2,'c':3}]
class 'list'
```

通过输出结果可以看出，json.dumps 和 json.loads 方法实现了 Python 对象与 json 字符串之间的相互转换。

示例 11

将学生数据 student.txt 文件转换为 json 格式，然后写入 student.json 文件中。

分析：

➢　使用 json 模块的方法实现。

➢　将 student.txt 文件中的数据写入 student.json 文件中，先将内容放入 Python 的数据结构中（字典和列表），之后再将这个 Python 对象转换并写入 json 文件中。

➢　将这种类似表格的数据转换为 json 数据，比较好的做法是将 student.txt 中的每一行数据写入一个字典中，最后将所有字典存入一个列表中。

实现步骤：

（1）打开 student.txt 文件，按行循环遍历内容。

（2）将第一行内容（数据列名）当作每个字典的 key，将其他行作为字典的 value。

（3）将所有的字典放在一个列表中。

（4）打开 student.json 文件，利用 json.dump 方法将该列表进行 json 编码并放入到文件中。

关键代码：

```
import json
 with open('student.txt','r',encoding='utf-8') as f:
        content = [] #建立空列表待用
        content_json = [] #建立空列表待用
        for line in f.readlines():
                line_list = line.strip('\n').split(' ')
                content.append(line_list) #将 txt 文件内容存入列表中
        keys = content[0] #将第一行内容取名叫 keys，待用

        for i in range(1,len(content)):
                content_dict ={} # 将其他行内容建立为字典
                for k,v in zip(keys,content[i]):
                        content_dict[k] = v #给字典的条目赋值
                content_json.append(content_dict) #将所有数据字典放入列表中
        print(content_json)
        with open('student.json',mode='w') as j:
                json.dump(content_json,j)
```

输出结果：

```
[
{'姓名':'张三','年龄':'16','成绩':'85'},
{'姓名':'李四','年龄':'16','成绩':'77'},
{'姓名':'李雷','年龄':'17','成绩':'59'},
{'姓名':'韩梅梅','年龄':'17','成绩':'93'},
]
```

运行完代码后，可以在同级路径下找到 student.json 文件，打开之后的内容如下：

```
[{"\u59d3\u540d":"\u5f20\u4e09","\u5e74\u9f84":"16","\u6210\u7ee9":"85"},
{"\u59d3\u540d":"\u674e\u56db","\u5e74\u9f84":"16","\u6210\u7ee9":"77"},
{"\u59d3\u540d":"\u97e9\u6885\u6885","\u5e74\u9f84":"17","\u6210\u7ee9":"93"},
{"\u59d3\u540d":"\u674e\u96f7", "\u5e74\u9f84": "17", "\u6210\u7ee9": "59"}]
```

可以看出，内容已经全部保存到 student.json 文件中了，并被自动编码成了 Unicode 格式，这时要重新将文件中的内容解析为 Python 的列表，只需要用 json.load 方法就可以完成。

在示例 11 中使用到了 zip 方法，zip 方法接收多个可迭代对象作为参数，然后将对象中对应位置的元素组合成一个个元组，返回由这些元组组成的列表，例如 zip(['a', 'b', 'c'], ['a', 'b', 'c']) 返回的结果是[('a', 'a'), ('b', 'b'), ('c', 'c')]。

任务的第一部分已经完成，即将数据转入到 csv 和 json 文件中了，下一部分完成将文件放到指定的位置。

9.2.2 路径和文件的操作

在 Python 中，能对路径和文件操作的模块较多，本节主要介绍常用的三个模块：os、glob、shutil。

1. os 模块

os 模块是 Python 标准库中的一个用于访问操作系统的模块，包含了普遍的操作系统功能，比如复制、创建、修改、删除文件及文件夹，设置用户权限等功能。在本任务中，需要用到 os 模块中的 mkdir 方法创建目录和 path 子模块中的 exist 方法判断一个目录是否存在。os 模块中的常用方法如表 9-5 所示。

表 9-5　os 模块常用方法的功能及描述

功能和操作	方法名	描述
查看当前使用平台	os.name	返回当前使用平台的代表字符，Windows 用'nt'表示，Linux 用'posix'表示
查看当前路径和文件	os.getcwd()	返回当前工作目录
	os.listdir(path)	返回 path 目录下所有文件列表
查看绝对路径	os.path.abspath(path)	返回 path 的绝对路径
运行系统命令	os.system()	运行 shell 命令
查看文件名或目录	os.path.split(path)	将 path 的目录和文件名分开为元组
	os.path.join(path1,path2,…)	将 path1，path2，…进行组合，若 path2 为绝对路径，则会将 path1 删除
	os.path.dirname(path)	返回 path 中的目录（文件夹部分），结果不包含'\'
	os.path.basename(path)	返回 path 中的文件名
创建目录	os.mkdir(path)	创建 path 目录（只能创建一级目录，如 "F:\XXX\WWW"），在×××目录下创建 WWW 目录
	os.makedirs(path)	创建多级目录（如"F:\XXX\SSS"），在 F 盘下创建×××目录，继续在×××目录下创建 SSS 目录
删除文件或目录	os.remove(path)	删除文件（必须是文件）
	os.rmdir(path)	删除 path 目录(只能删除一级目录，如"F:\×××\SSS")，只删除 SSS 目录
	os.removedirs(path)	删除多级目录（如"F:\×××\SSS"），删除 SSS、×××两级目录
查看文件大小	os.path.getsize(path)	返回文件的大小，若是目录则返回 0
查看文件	os.path.exists(path)	判断 path 是否存在，存在返回 True，不存在返回 False
	os.path.isfile(path)	判断 path 是否为文件，是返回 True，不是返回 False
	os.path.isdir(path)	判断 path 是否为目录，是返回 True，不是返回 False

示例 12

新建路径"D:/test/学生数据/"，作为上一部分任务中生成的 csv 和 json 文件的存放路径。

分析：

在任务的第二部分，首先确认是否有目标路径，如果没有就创建，需要使用 os 模块的相应方法实现。

实现步骤：

（1）判断是否有"D:/test/学生数据/"这一目录。

（2）如果没有，创建这个目录。

关键代码：

```
Impot os
path = 'D:/test/学生数据/'
if not os.path.exists(path):
     os.mkdir(path)
```

代码运行成功之后，通过 Windows 文档管理器查看，可以发现路径"D:/test/学生数据/"已经被创建。此时可以将第一部分任务生成的 csv 和 json 文件移动到该路径下。

注意

os.path.exists 接受一个路径作为输入，输出是一个布尔值。

2. glob 模块

利用 os 模块可以完成绝大部分对文件及路径的操作，但有时需要在一个文件夹下查找某个类型的文件，利用 os 模块会比较难实现。glob 模块提供了一个很好用的方法来查找某个类型的文件——glob 方法，它接受一个路径作为参数，返回所有匹配到的文件，类型是 list，最重要的是 glob 方法提供模糊匹配的方式，可以查找到自己想要类型的文件。例如，查找路径"D:/"下的所有.json 文件，只需要写下语句 glob.glob('D:/*.json')，就会找到路径"D:/"下的所有 json 文件，并以列表的形式返回，这里的"*"是一个通配符，可以匹配 0 个或者多个字符。通过这种方式可以匹配到所有后缀名为.json 的文件。

示例 13

已知两个文件 student.csv 和 student.json 都被放在"D:/×××/学生数据/"路径下，其中×××表示无法确定在哪个确切文件夹中，用 glob 模块实现查找这两个文件的具体路径。

关键代码：

```
import glob
path = 'D:/*/学生数据/' #第一级目录忘记了，用*模糊匹配
for i in glob.glob(path + '*'): #输出该目录下所有的文件，用*模糊匹配
print(i)
print(glob.glob(path + '*.csv')) #只输出目录下后缀名为.csv 的文件
```

输出结果：

```
D:/test/学生数据/student.csv
D:/test/学生数据/student.json
['D:/test/学生数据/student.csv']
```

注意

glob.glob 方法返回的是 list。

3. shutil 模块

shutil 模块是对 os 模块中文件操作的进一步补充，是 Python 自带的关于文件、文件夹、压缩文件的高层次的操作工具。本任务还剩下最后两个步骤的工作，在 "D:/test/学生数据/" 目录下新建两个文件夹，然后通过复制和移动的方式分别将 student.csv 和 student.json 文件放到相应的文件夹中。shutil 模块中提供了文件复制的方法 copy 和文件移动剪切的方法 move。它们都接受两个参数，第一个参数是原文件路径，第二个参数是目的文件路径。

示例 14

用移动和复制两种方式将文件放入指定文件夹中，使用 shutil 模块实现该操作。

实现步骤：

（1）在 "D:/test/学生数据/" 路径下创建 "csv 文件" 和 "json 文件" 两个文件夹。

（2）利用 shutil.copy 方法将 student.csv 文件复制粘贴到 "/csv 文件/" 路径下。

（3）利用 shutil.move 方法将 student.json 文件剪切粘贴到 "/json 文件/" 路径下。

关键代码：

```
import shutil
import os
import glob
path ='D:/test/学生数据/'
os.mkdir(path+'csv 文件/')
os.mkdir(path+'json 文件/')
shutil.move(path+'student.csv',path+'csv 文件/student.csv')
shutil.copy(path+'student.json',path+'json 文件/student.json')
for file in glob.glob(path + '*/*'):
    print(file)
```

输出结果：

D:/test/学生数据/csv 文件/student.csv

D:/test/学生数据/json 文件/student.json

通过输出结果可以看到，文件都被移动到相应的文件夹中了。

任务到这里已经全部完成了，实现了将文件分别写入 csv 文件和 json 文件，然后再将这两个文件分别放到目标目录中。

9.2.3 技能实训

通过任务 2 中所学的知识，实现将 "篮球明星.json" 文件转换为表格形式并存入到 csv 文件中。

"篮球明星.json" 文件内容：

```
{
"金州勇士":[
    {"斯蒂芬库里":{"场均得分":"26.4","场均篮板":"5.12","场均助攻":"6.08"}},
    {"凯文杜兰特":{"场均得分":"26.4","场均篮板":"6.82","场均助攻":"5.38"}}
```

```
    ],
"休斯顿火箭":[
        {"詹姆斯哈登":{"场均得分":"30.4","场均篮板":"5.4","场均助攻":"8.75"}},
        {"克里斯保罗":{"场均得分":"18.6","场均篮板":"5.4","场均助攻":"7.88"}}
            ]
    }
```

"篮球明星.csv"文件内容：

球员名字,所在球队,场均得分,场均篮板,场均助攻
斯蒂芬库里,金州勇士,26.4,5.12,6.08
凯文杜兰特,金州勇士,26.4,6.82,5.38
詹姆斯哈登,休斯顿火箭,30.4,5.4,8.75
克里斯保罗,休斯顿火箭,18.6,5.4,7.88

需要将"篮球明星.json"文件内容转换为"篮球明星.csv"文件所示内容。

分析：

➢　利用 json.load 方法解析 json 文件，解析完之后可以用 type 函数查看对象是什么类型。

➢　要转换为 csv 表格格式，先确定好类别列，观察 json 文件可以确定 5 个类别，分别是：球员名字、所在球队、场均得分、场均篮板、场均助攻。

➢　新建列表用来存储每个类别的数据。

➢　利用循环将列表和字典中的数据取出，最终整合成表格格式。

➢　利用 with 语句打开文件，将数据写入 csv 文件中。

本章总结

➢　认识常见的文件类型和与数据分析相关的文件类型，尤其是 csv 和 json 格式。

➢　打开文件有 open 方法和 with 语句，with 语句是一个比较好的选择，它会自动关闭文件，回收内存。

➢　文件打开模式 r、w、a 都只有一个权限，如果需要既可读又可写，可以用 r+或者 w+等文件打开模式。

➢　UTF-8 和 GBK 都是对中文友好的编码格式，在出现编码格式错误的时候，可以试一下这两种格式。

➢　csv 和 json 模块在处理 csv 和 json 格式的时候非常方便。

➢　os、glob、shutil 三个模块基本囊括了路径及文件的大多数操作，创建路径可以使用 os.mkdir 方法，查找某种类型文件使用 glob 模块比较方便，对文件复制粘贴移动可以使用 shutil 模块。

本章作业

1. 简答题

简述 open 方法的重要参数（至少三个）及其作用。

2. 编码题

（1）现有一份"邀请函.txt"的空白文件，请在同级目录下编写一段代码，写入内容"诚挚邀请您来参加本次宴会"。

（2）在第（1）题的基础上，添加问候语和发件人"best regards 李雷"，文件内容是：

诚挚邀请您来参加本次宴会

best regards

李雷

（3）在第（2）题的基础上，将这封邮件发送给"丁一""王美丽""韩梅梅"三位朋友，在邮件内容开头处添加收件人名字，并且生成相应名字的邮件。例如丁一的邮件内容应该为：

丁一：

诚挚邀请您来参加本次宴会

best regards

李雷

（4）在第（3）题的基础上，假设邀请函现在的目录是"D:/test/邀请函.txt"，需要将相应的邀请函邮件放入"D:/test/"路径下以各位收件人名字命名的文件夹中。例如，"丁一邀请函.txt"文件应该放在"D:/test/丁一/丁一邀请函.txt"路径下。

项目实训——升级在线投票系统

技能目标

➤ 会使用类与操作类
➤ 会使用面向对象思想进行程序设计
➤ 会使用异常处理
➤ 会使用文件读写

本章任务

任务：完成"升级在线投票系统"

本系统是对第 6 章在线投票系统的升级。从程序的角度来看，升级在线投票系统使用面向对象的方式实现，并使用了异常处理机制；从功能的角度来看，除了实现在线投票系统的所有功能外，还增加了文件读取、文件保存、快速投票模式等功能。

本章资源下载

10.1 项目需求

10.2 难点分析

第10章 项目实训 —— 升级在线投票系统

10.3 项目实现思路

10.1 项目需求

　　小明在学习了 Python 面向对象编程、异常处理和文件读取之后，对之前实现的在线投票系统进行了功能和程序上的升级和改良，为其添加了文件读写和快速投票功能，并且使用面向对象的程序设计方式，增加了代码的复用，同时还添加了一些必要的异常处理机制，增强了程序的健壮性。项目运行效果如图 10.1 至图 10.5 所示。

```
Run  voter_final
    D:\Anaconda3\python.exe D:/pycharm/voter_final.py
    欢迎使用在线投票系统
    使用规则介绍：
    1.启动在线投票系统之后，会出现命令解释，这是在之后的投票过程中的一些功能命令
    2.之后，系统会提醒您输入候选名单，例如本次投票的候选名单为(张三、李四)，我们需要对其一个一个按顺序输入其名字
    3.输入完信息之后，需要按enter提交
    在线投票系统已经开启
    ------------------------------------------
    请输入本次投票的候选名单
    如果发现候选名填错，可以输入delete来删除上一个填入的候选名
    是否载入上次保存的文件？(输入y载入)
```

图10.1　提示是否载入文件

```
Run  voter_final
    D:\Anaconda3\python.exe D:/pycharm/voter_final.py
    欢迎使用在线投票系统
    使用规则介绍：
    1.启动在线投票系统之后，会出现命令解释，这是在之后的投票过程中的一些功能命令
    2.之后，系统会提醒您输入候选名单，例如本次投票的候选名单为(张三、李四)，我们需要对其一个一个按顺序输入其名字
    3.输入完信息之后，需要按enter提交
    在线投票系统已经开启
    ------------------------------------------
    请输入本次投票的候选名单
    如果发现候选名填错，可以输入delete来删除上一个填入的候选名
    是否载入上次保存的文件？(输入y载入)y
    本次投票候选名单为  1.xiaoming ,2.lilei ,3.wangmeimei
    请输入候选名单的内容，或者输入其序号，例如：输入1代表投票给候选名单的第一位
    ------------------------------------------
    投票内置命令如下：
    1.stop:输入stop结束投票
    2.fast:进入快速投票模式
          ①输入需要操作的候选人名或对应编号
          ②输入操作方式，需要加票或者减票，减票输入2，加票输入1
          ③输入操作的票数，需要输入正整数
    3.clear:输入clear删除所有投票
    4.menu:回到菜单选择
    5.save:保存记录
    ------------------------------------------
    输入命令或者指定投票给：
```

图10.2　载入已有数据

```
Run  voter_final
-------------------------------------------
投票内置命令如下:
1.stop:输入stop结束投票
2.fast:进入快速投票模式
        ①输入需要操作的候选人名或对应编号
        ②输入操作方式，需要加票或者减票，减票输入2，加票输入1
        ③输入操作的票数，需要输入正整数
3.clear:输入clear删除所有投票
4.menu:回到菜单选择
5.save:保存记录
-------------------------------------------
输入命令或者指定投票给:menu
运行命令成功
进入菜单
是否继续投票(任意键:继续，stop:结束投票，help:查看命令，stats:查看当前统计信息)：stats
目前总票数为：149
目前投票票数第1名是 xiaoming ，票数为:65，占总票数：43.62%
目前投票票数第2名是 wangmeimei ，票数为:48，占总票数：32.21%
目前投票票数第3名是 lilei ，票数为:36，占总票数：24.16%
输入命令或者指定投票给:
```

图10.3　查看载入数据的统计信息

```
Run  voter_final
-------------------------------------------
输入命令或者指定投票给:menu
运行命令成功
进入菜单
是否继续投票(任意键:继续，stop:结束投票，help:查看命令，stats:查看当前统计信息)：stats
目前总票数为：149
目前投票票数第1名是 xiaoming ，票数为:65，占总票数：43.62%
目前投票票数第2名是 wangmeimei ，票数为:48，占总票数：32.21%
目前投票票数第3名是 lilei ，票数为:36，占总票数：24.16%
输入命令或者指定投票给:fast
运行命令成功
候选名单为  1.xiaoming ,2.lilei ,3.wangmeimei
进入快速投票模式成功，请选择要操作的候选人1
选择快速投票模式。输入1：加票，输入2：减票，默认为加票1
请输入票数20
候选人：xiaoming加票20成功
快速投票模式结束
是否继续投票(任意键:继续，stop:结束投票，help:查看命令，stats:查看当前统计信息)：stats
目前总票数为：169
目前投票票数第1名是 xiaoming ，票数为:85，占总票数：50.30%
目前投票票数第2名是 wangmeimei ，票数为:48，占总票数：28.40%
目前投票票数第3名是 lilei ，票数为:36，占总票数：21.30%
输入命令或者指定投票给:
```

图10.4　使用快速投票模式投票

```
Run  voter_final
目前投票票数第2名是 xiaoming ，票数为:45，占总票数：34.88%
目前投票票数第3名是 lilei ，票数为:36，占总票数：27.91%
输入命令或者指定投票给:fast
运行命令成功
候选名单为  1.xiaoming ,2.lilei ,3.wangmeimei
进入快速投票模式成功，请选择要操作的候选人1
选择快速投票模式。输入1：加票，输入2：减票，默认为加票1
请输入票数20
候选人：xiaoming加票20成功
快速投票模式结束
是否继续投票(任意键:继续，stop:结束投票，help:查看命令，stats:查看当前统计信息)：stats
目前总票数为：149
目前投票票数第1名是 xiaoming ，票数为:65，占总票数：43.62%
目前投票票数第2名是 wangmeimei ，票数为:48，占总票数：32.21%
目前投票票数第3名是 lilei ，票数为:36，占总票数：24.16%
输入命令或者指定投票给:stop
需要保存当前投票到本地吗？(输入y保存)y
保存成功
```

图10.5　退出投票时提示是否保存文件

启动程序时，升级在线投票系统除了会对使用规则做一些介绍之外，还会提供文件读取的操作，用来载入投票的数据。

1. 项目流程介绍

（1）运行程序后，会在控制台打印出使用规则，并提示输入候选人名。同时提示，如果输错了候选人名，可以使用命令进行删除修改。

（2）提示是否载入上次保存的文件。如果输入"y"，则会加载文件中的数据，载入数据之后将会显示候选人名和相应的投票数，此时不能再自定义候选人名。如果不载入文件，要先添加候选人名。

（3）载入文件或者添加完候选人名后，进入投票环节。将显示具体的候选人名单，并附上对应的编号，提示投票时既可以输入候选人名字也可以输入相应的序号。同时提示投票的内置命令，除了常规命令，新增了"fast"命令，可以进入快速投票模式，该模式下可以对指定的候选人名进行快速投票；新增了"save"命令，可以随时将数据保存到 csv 文件中并放在当前目录下。

（4）每次投票完成之后，提示投票××候选人成功，并跳转到菜单选项，询问是否继续投票，或者是结束投票、查看命令、查看当前统计信息。

（5）当投票完成并输入结束命令时，自动输出统计信息，按票数给出候选人的排名以及得票率等信息，并且提示是否将数据保存。

2．项目功能介绍

➢ 在输入候选人名单阶段，需要实现添加候选人名、删除候选人名、提示菜单选项、使用命令的方式操作程序。如果还没有添加候选人，就输入命令退出先去添加候选人，需要提示"请先添加候选人"，并且无法进入投票阶段。

➢ 在系统启动与结束时，需要实现文件读写功能，在系统启动时，需要提示是否载入上次保存的文件。在投票完成后，将退出投票系统时，需要提示是否保存投票数据。

项目演示
视频

➢ 投票阶段需要实现添加投票、按序号添加投票、删除投票、清空投票、提示菜单选项、使用命令的方式操作程序、投票计数、计数排序、计数统计、实时输出统计信息、完成投票时输出统计信息。

3．项目环境准备

完成"升级在线投票系统"，对于开发环境的要求如下：

➢ 开发工具：Pycharm Community，Anaconda 3.5.1。

➢ 开发语言：Python 3.6.4。

10.2 难点分析

1．面向对象实现

由于升级在线投票系统采用面向对象程序设计思想实现，根据项目需求及功能介绍分析，可以将整体项目拆解为三个类：process（运行程序类）、tools（工具类）、candidate（候选人类）。

在之前的在线投票系统中，先通过列表添加投票名，再通过一个计数函数实现票数统计。而通过类实现，需要创建 candidate 类，声明属性 name 保存所添加的候选人名，声明属性 votes 保存每个候选人得到的票数，声明方法 append_vote()和 delete_vote()，在程序运行中实现添加票和删除票的操作。

关键代码：

```
class candidate(object):
    def __init__(self):
        self.name = []
        self.votes = {}

    def append_vote(self,name,append_num=1):
        self.votes[name] +=append_num

    def delete_vote(self,name,minus_num = 1):
        self.votes[name]-=minus_num
```

在主运行程序中，只需要实例化 candidate 类，再调用类中的方法，就可以实现对候选人名的增加票和删除票操作。注意：candidate 类中的 votes 属性是字典类型，格式是"{'zhangsan':20}"，当投票结束以后，可以直接使用 votes 属性。

2. 文件读写

根据项目需求及功能介绍分析，需要在程序运行时提示是否载入文件，在程序结束时提示是否保存文件，并且在投票阶段用命令"save"保存文件。实现保存文件的方法需要先导入 csv 模块，因为在 candidate 类中 votes 属性是字典类型，所以文件的读取需要将数据转换为字典类型，文件的写入需要将字典类型的数据保存成 csv 文件。

关键代码：

```
def output_csv(votes): # 文件写入
    with open('vote.csv',mode='w+',newline='') as f:
        csv_writter = csv.writer(f)
        for k,v in votes.items():
            csv_writter.writerow([k,v])


def input_csv(): #文件读取
    vote_dict = {}
    with open('vote.csv',mode='r+',newline='') as f:
        for i in f.readlines():
            name = i.split(',')[0]
            num = int(i.split(',')[1])
            vote_dict[name] = num
    return vote_dict
```

在 output_csv(votes)方法中，votes 参数是一个字典类型数据。

3. 快速投票模式

通过观察可以发现，实现 candidate 类的 append_vote()和 delete_vote()方法时，传入了两个参数，一个是候选人名，另一个是操作的票数，默认值是 1。也可以自定义传入其他的值，再通过这个方法实现快速投票。在投票阶段的运行方法中，将快速模式添加上。

关键代码：

```
if voting == 'fast':    #设置"fast"命令，当在投票时，输入"fast"将进入快速投票模式
```

```
fast_vote_candi = input('请输入要操作的候选人序号').strip()
fast_vote_mode = input('选择快速投票模式。输入 1：加票，输入 2：减票，默认为加票').strip()

fast_vote_nums = input('请输入票数').strip()
if fast_vote_candi in [str(i) for i in range(1, len(self.candi_list) + 1)]:
#如果输入的序号在候选人名序号中，则往下执行

index = self.candi_list[int(fast_vote_candi) - 1] #选出序号所对应的候选人名
    if fast_vote_mode == '2': #如果投票模式选择 "2"
        self.candi.delete_vote(index,int(fast_vote_nums))
        #调用 delete_vote()方法，并将候选人名和操作票数作为参数传入

        print('候选人：%s 减票%s 成功'%(index,fast_vote_nums))
    else: #即如果投票模式选择加票模式
      self.candi.append_vote(index,int(fast_vote_nums))
      #调用 append_vote()方法，并将候选人名和操作票数作为参数传入

        print('候选人：%s 加票%s 成功' % (index, fast_vote_nums))
    print('快速投票模式结束')
else:
    print('未找到相应候选人，快速投票模式已退出')
```

将快速投票模式部分代码嵌入运行程序中，用户输入命令 "fast" 即可进入快速投票模式。

4. 异常处理

整个项目中，有很多地方需要做异常处理。以快速投票模式的代码为例，如果使用快速投票的减票模式时，所减去的票数比原有票数多，那么可能出现票数为负的情况。这时可以通过 raise 关键字抛出异常，进行异常处理。

关键代码：

```
try:
    …#省略之前代码
    if fast_vote_mode == '2': #如果投票模式选择 "2"
        if self.candi.votes[index] < int(fast_vote_nums):
            raise IndexError
        self.candi.delete_vote(index,int(fast_vote_nums))
        #调用 delete_vote()方法，并将候选人名和操作票数作为参数传入

        print('候选人：%s 减票%s 成功'%(index,fast_vote_nums))
except IndexError:
    print('要减去的票数超过了已有票数，程序无法执行')
```

使用异常处理，可以有效避免因为用户操作失误而引起的票数为负的情况。在快速投票模式中，当需要用户输入操作的票数时，append_vote()和 delete_vote()方法只支持正整数。如果用户输入字符，例如："二十"，程序将报错，这时也需要通过异常处理来保证程序的健壮性。

关键代码：

```
try:
    if fast_vote_mode == '2': #如果投票模式选择 "2"
        if self.candi.votes[index] < int(fast_vote_nums):
        raise IndexError
    self.candi.delete_vote(index,int(fast_vote_nums)) #调用 delete_vote()方法，并将候选人名和操作
                                                    票数作为参数传入

        print('候选人：%s 减票%s 成功'%(index,fast_vote_nums))
    else: #即如果投票模式选择加票模式
        self.candi.append_vote(index,int(fast_vote_nums)) #调用 append_vote()方法，并将候选人名
                                                        和操作票数作为参数传入

        print('候选人：%s 加票%s 成功' % (index, fast_vote_nums))
except IndexError:
    print('要减去的票数超过了已有票数，程序无法执行')
except BaseError as e:
    print('快速模式发现问题%s，无法正常运行'%e)
```

通过 try-except 来做异常处理可以让程序更加健壮。

10.3　项目实现思路

1．candidate 类

在 candidate 类中，需要定义属性 name 和 votes。name 属性用来保存候选人名，它是一个列表，在添加候选人阶段，实际上就是往 name 属性中添加候选人。votes 属性用来保存每个候选人的得票，它是一个字典类型，key 代表候选人名，value 代表票数。除了属性之外，candidate 类还需要实现一些方法，除了之前难点分析中提到的 append_vote()和 delete_vote()方法之外，还需要实现一个初始化投票状态的方法，也就是将每个候选人的票数记为 0。

关键代码：

```
class candidate(object):

    def __init__(self):
        self.name = []
    self.votes = {}

    def begin_vote(self):   #初始化投票状态的方法
        for i in self.name:
            self.votes[i] = 0

    def append_vote(self,name,append_num=1):
        self.votes[name] +=append_num
```

```
        def delete_vote(self,name,minus_num = 1):
            self.votes[name]-=minus_num
```

初始化投票状态的方法可以用在两个地方：第一，当不读取文件中的数据开始投票时。第二，在投票阶段运行命令"clear"清空投票时。

2．tools 类

在整个项目中，需要用到一些工具，将它们与整个流程程序分离开，可以使代码更加清晰简明、分工明确，并且这些工具有着比较独立的功能，可以在之后扩展流程时将代码进行复用。tools 类中有四个方法：sort_by_value()、stats()、output_csv()、input_csv()。其中，sort_by_value()和 stats()方法就是第 6 章中的相应函数，sort_by_value()方法实现了将候选人得票数由高到低排序，而 stats()方法实现了将候选人得票情况的统计信息进行输出。output_csv()和 input_csv()方法分别实现了文件的写入与读取功能。

关键代码：

```
class tools:

    def sort_by_value(self,votes,top_k = None):    #输入参数 votes，它是字典类型
        items = votes.items()
        backitems = [[v[1], v[0]] for v in items]
        backitems.sort(reverse=True)
        if top_k:
            return backitems[:top_k]
        else:
            return backitems

    def stats(self,votes,temp=False):    #输入参数 votes，它是字典类型
        sum_votes = sum([v for v in votes.values()])
        try:
            mean_votes = sum_votes / len(votes)
        except:
            mean_votes = '没有投票，无法计算平均票数'
        if temp is True:
            print('目前总票数为：%s' % str(sum_votes))
        else:
            try:
                print('总票数：%s' % str(sum_votes))
                print('平均票数：%.2f' % mean_votes)
            except:
                print('总票数：%s' % str(sum_votes))
                print(mean_votes)
        final = self.sort_by_value(votes, 10)
        for ind, i in enumerate(final):
            if temp is True:
                print('目前投票票数第%s 名是  %s ，票数为:%s,
```

```
                   占总票数： %.2f%%' % (str(ind + 1), i[1], str(votes[i[1]]), 100 * i[0]/sum_votes))
            else:
                print('本次投票票数第%s 名是 %s ， 票数为:%s,
                   占总票数： %.2f%%' % (str(ind + 1), i[1], str(votes[i[1]]), 100 * i[0]/sum_votes))

    def output_csv(self,votes):    #输入参数 votes，它是字典类型
        with open('vote.csv',mode='w+',newline='') as f:
            csv_writter = csv.writer(f)
            for k,v in votes.items():
                csv_writter.writerow([k,v])


    def input_csv(self):
        vote_dict = {}
        with open('vote.csv',mode='r+',newline='') as f:
            for i in f.readlines():
                name = i.split(',')[0]
                num = int(i.split(',')[1])
                vote_dict[name] = num
        return vote_dict    #输出 vote_dict，它是字典类型，也就是将 csv 转换为字典
```

3．process 类

process 类中包含了流程运行的方法。其中，append_candidate()方法是添加候选人名的方法，append_vote()方法是投票方法，main()方法是主流程方法。

（1）process 类中的非流程方法

在 process 类中，除了初始化方法__init__()之外，还实现了一个将候选人名列表转换为字符串的方法 show_candidate()，这段代码可以在其他地方复用。为了使代码整体的可读性强，选择将这个过程封装成一个方法。

关键代码：

```
class process:

    def __init__(self):
        self.candi = candidate() #实例化 candidate 类
        self.tool = tools() #实例化 tools 类
        self.candi_list = self.candi.name #设置候选人名列表
        self.key_words_list = ['stop','fast','clear','menu'] #设置命令关键词列表

    def show_candidate(self):
        seq_vote_list = [str(i) + '.' + self.candi_list[i - 1] for i in range(1, len(self.candi_list) + 1)]
        name = ' ,'.join(seq_vote_list)
        return name
```

通过 show_candidate()方法，可以将候选人名列表转换为一个带序号的字符串，例如：候选人名列表为['zhangsan','lisi']，通过 show_candidate()方法返回字符串'1.zhangsan,2.lisi'。

（2）append_candidate()方法

该方法与第 6 章中的添加候选人名单方法差别不大，也是通过 while-break 实现候选

人名的添加、结束等功能。

关键代码：

```
def append_candidate(self):
    while 1:
        input_candi = input('输入第%s 位候选人名:' % (len(self.candi_list) + 1)).strip()
        if input_candi == 'finish':
        if len(self.candi_list) != 0:
            break
        else:
            print('请输入候选人名')
        elif input_candi == 'delete':
            self.candi_list.pop() #对实例属性 self.candi_list 进行删除
        elif len(input_candi) == 0:
            pass
        else:
            print('添加候选人名成功')
            self.candi.name.append(input_candi) #对实例属性 self.candi.name 进行添加
        prompt = input('按任意键继续输入候选人名(输入 finish 退出，并开始投票)').strip()
        if prompt.strip() == 'finish':
            if len(self.candi_list) != 0:
                break
            else:
                print('请输入候选人名')
        candi_name = ','.join(self.candi.name)
        print('当前候选人名单为：%s' % candi_name)
```

self.candi_list 就是候选人名列表，在 append_candidate()方法中直接对其操作。

（3）append_vote()方法

append_vote()方法除了常规的对候选人投票和常规命令外，还添加了快速投票模式，使用"save"保存文件命令，投票的方式也改为对 self.candi.append_vote()方法的调用。

关键代码：

```
def append_vote(self):
    while 1:
        voting = input('输入命令或者指定投票给:').strip()
        if voting == 'stop':
            break
        if voting in self.key_words_list:
            print('运行命令成功')
        elif voting in [str(i) for i in range(1, len(self.candi_list) + 1)]:
            ind = self.candi_list[int(voting) - 1]
            self.candi.append_vote(ind) #通过方法进行投票
            print('投票%s 成功' % ind)
        elif voting not in self.candi_list:
            name = ','.join(self.candi_list)
            print('请投票给: %s  其中一人' % name)
```

```
    else:
        self.candi.append_vote(voting) #通过方法进行投票
if voting == 'fast':
    … #省略快速投票的代码，详解在难点分析中，完整代码请扫描二维码
if voting == 'clear':
    self.candi.begin_vote()  #通过方法进行"clear"清空操作
if voting == 'menu':
    print('进入菜单')
menu = input('是否继续投票(任意键:继续，stop:结束投票，help:查看命令，stats:查看当
        前统计信息): ').strip()
if menu == 'stop':
    break
if menu =='save':  #保存文件命令
    self.tool.output_csv(votes=self.candi.votes) #调用方法进行文件保存
elif menu == 'help':
    print('内置命令：')
    print('1.stop:输入 stop 结束投票')
    print('2.fast:进入快速投票模式')
    print('        ①输入需要操作的候选人名或对应编号')
    print('        ②输入操作方式，需要加票或者减票，减票输入 2，加票输入 1')
    print('        ③输入操作的票数，需要输入正整数')
    print('3.clear:输入 clear 删除所有投票')
    print('4.menu:回到菜单选择')
    print('5.save:保存记录')
    print('----------------------------------------')
elif menu == 'stats':
    self.tool.stats(votes=self.candi.votes, temp=True)  #调用方法进行统计信息输出
```

（4）main()方法

main()方法是程序的主运行方法，它将程序用到的所有方法串联在一起。需要注意的是，项目的流程是先对用户进行提示，询问是否载入文件。如果载入，则跳过添加候选人阶段；直接进入投票阶段；如果不载入，则先进入添加候选人阶段，再进入投票阶段，并在投票结束时询问是否保存文件。如果需要保存文件，则调用保存文件的方法。

关键代码：

```
def main(self):
    print('欢迎使用在线投票系统')
    print('使用规则介绍：')
    print('1.启动在线投票系统之后，会出现命令解释，这是在之后投票过程中的一些功能命令')
    print('2.之后，系统会提醒您输入候选名单，例如本次投票的候选名单为(张三、李四)，
        我们需要对其一个一个按顺序输入其名字')
    print('3.输入完信息之后，需要按 enter 提交')
    print('在线投票系统已经开启')
    print('----------------------------------------')
    print('请输入本次投票的候选名单')
    print('如果发现候选人名填错，可以输入 delete 来删除上一个填入的候选人')
    input_load_csv = input('是否载入上次保存的文件？(输入 y 载入)').strip() #进行载入文件
                                                          提示
```

```
if input_load_csv == 'y': #选择载入时
    self.candi.votes = self.tool.input_csv() #将 self.candi.votes 属性赋值为载入的文件数据
    self.candi_list = [i for i in self.candi.votes.keys()] #候选人名单也可以确定好
else: #选择载入
    self.append_candidate() #运行添加候选人名单方法
    print('添加候选名单结束，即将为各位候选人投票')
    self.candi.begin_vote() #将 self.candi.votes 属性初始化票数为 0
name = self.show_candidate() #调用 self.show_candidate()方法输出带序号的候选人名
print('本次投票候选名单为    %s' % name)
print('请输入候选名单的内容，或者输入其序号，例如：输入 1 代表投票给候选名单的
        第一位')
print('-------------------------------------------')
print('投票内置命令如下：')
print('1.stop:输入 stop 结束投票')
print('2.fast:进入快速投票模式')
print('           ①输入需要操作的候选人名或对应编号')
print('           ②输入操作方式，需要加票或者减票，减票输入 2，加票输入 1')
print('           ③输入操作的票数，需要输入正整数')
print('3.clear:输入 clear 删除所有投票')
print('4.menu:回到菜单选择')
print('5.save:保存记录')
print('-------------------------------------------')
self.append_vote()
ifsave = input('需要保存当前投票到本地吗？(输入 y 保存)').strip() #结束后提示是否保存
if ifsave == 'y': #如果选择保存时
    self.tool.output_csv(self.candi.votes) #调用方法进行数据保存
    print('保存成功')
```

注意

➤ 运行程序需要在代码开头添加 import csv。

➤ 保存和加载的 csv 文件格式为：

angsan,118

Zhangsan,118

lisi,311

xiaoming,188

本章总结

通过完成"升级在线投票系统"，读者进一步加深了对面向对象的理解，能够熟练使用类及其属性与方法，也加深了对文件读写和异常处理的理解与应用。

本章作业

独立完成"升级在线投票系统"。